张柏春　王彦雨　李雪 —— 编著

# 中国工程创造

山东科学技术出版社
·济南·

图书在版编目（CIP）数据

中国工程创造 / 张柏春，王彦雨，李雪编著.
济南：山东科学技术出版社，2025.4. -- ISBN 978-7
-5723-2606-6

Ⅰ．TB-092

中国国家版本馆 CIP 数据核字第 2025LZ5321 号

# 中国工程创造
ZHONGGUO GONGCHENG CHUANGZAO

策 划 人：赵　猛　张柏春
责任编辑：郑淑娟　刘玉莹　陈名扬　刘婷钰
封面设计：庞　婕　孙小杰
内文设计：侯　宇　王　燕

主管单位：山东出版传媒股份有限公司
出 版 者：山东科学技术出版社
　　　　　地址：济南市市中区舜耕路 517 号
　　　　　邮编：250003　电话：（0531）82098030
　　　　　网址：www.lkj.com.cn
　　　　　电子邮件：jiaoyu@sdkjs.com.cn
发 行 者：山东科学技术出版社
　　　　　地址：济南市市中区舜耕路 517 号
　　　　　邮编：250003　电话：（0531）82098067
印 刷 者：济南新先锋彩印有限公司
　　　　　地址：济南市工业北路 188-6 号
　　　　　邮编：250100　电话：（0531）88615699

规格：16 开（190 mm×240 mm）
印张：16.5　　字数：120 千
版次：2025 年 4 月第 1 版　印次：2025 年 4 月第 1 次印刷
定价：158.00 元

审图号：GS 鲁（2024）0208 号

治玉石者,既琢之而复磨之;治之已精,而益求其精也。

——朱熹

# 中国
## 工程大国和强国

工程对于绝大多数人来说，都不算陌生。

工程是人类改造世界的物质实践活动，是应用技术与科学，使自然资源最适宜地转化为人类的各种用途的活动[1]。古代工程有土木、矿冶、化工、纺织、机械、造船与航海、军事等门类，而现代工程则还包括电机、电子、信息、航空、航天、核能等门类，各类各门的工程构成了产业体系和社会的物质基础。

工程是造物的活动。工程活动以运筹、决策、规划、设计、实施（操作）、制度、管理等为基本内容，以各种项目为基本单位，以工程师、工匠（工人）、投资者和管理者为主要角色，以价值与合理性为主要评价标准[2]。科学原理和技术发明具有普适性，而每个工程创造项目都具有独特性或唯一性。科学家的职责是如何认识，工程师的职责是如何实现[3]。工程师必须在特定的条件下，运用各种可用的技术和知识，尽可能选择最可靠的和最经济的解决问题的方案，同时遵循科技原理和经济规律，创造符合人们预期目标的人工世界。通常，工程以实现目标为第一考量，要尽力避免总体上的失败。因此，某项具体的工程不一定要谋求全面创新，而是尽量利用可靠的技术和手段，在既有技术

---

[1] The New Encyclopaedia Britannica: Volume 18[M]. Chicago: Encyclopaedia Britannica, Inc., 1993: 414. 本文作者对英文原书中关于"工程（engineering）"的定义做了进一步的概括，尤其是将原文的applying science调整为applying technology and science，因为这样更符合历史上的工程与技术、科学的关系.

[2] 李伯聪. 工程哲学引论[M]. 郑州：大象出版社，2002:5-6，29-30.

[3] 简明不列颠百科全书[M]. 北京：中国大百科全书出版社，1985:413.

不够用时才做目标明确的创新。工程师文化以实事求是、精益求精为精髓。

从古至今,工程使技术和科学发挥出生产力的功能,反映出国家或组织机构的科技水平、创新能力和综合实力。通过了解中国工程及其历史,我们能够真切地认知科学技术及其社会功能,理解中华文明的灿烂辉煌,从工程创造中汲取智慧和力量,坚定文化自信和创新自信。

中国是人类文明的发源地之一,其工程创造源远流长。中国先民在史前就开始创造性地开发和利用自然资源,发明水稻、粟、大豆、茶树、柑橘等作物栽培技术以及琢玉、髹漆、养蚕、丝织等技术,用不同的材料制作各种适用的工具,开采金属矿并发明冶铸技术。由河南偃师区二里头遗址来看,夏王朝在中晚期(公元前1750—前1530年)已经生产出精致的陶器、玉器、青铜器和漆器等制品,建造了大型的都邑与宫殿建筑,发展了以夯土高台和木骨泥墙相结合的营造技术,这些成就反映出夏代制造技术和土木工程的高水平。相传大禹是部落联盟的首领和夏王朝的始祖,他带领人们疏九泽,平治水土,成为治水抗洪的工程领袖。

古代中国擅长开物成器,成为制造大国和制造强国。中国青铜冶铸技术在先秦逐步成熟,发展出先进的块范法、失蜡法、金属范铸造、铸接和叠铸法等多种铸造工艺,铸制成曾侯乙编钟和尊盘,在秦代铸制出铜车马等制作工艺高超的青铜器。随着青铜冶铸技术走向辉煌,铁与钢的生产技术呈现出迅速发展的态势。春秋时期发明了铸铁,汉代创造了以生铁为本的制钢技术,并运用了大型冶铁高炉和水力鼓风等技术,这些技术突破使得工具、兵器和生活用具在中国率先实现铁器化,从而显著提高了生产力发展水平和军事技术水平。汉代以后,中国冶金工程和金属工艺仍然保持较高的发展水平,标志性器物有唐代为固定黄河浮桥而铸造的蒲津铁牛以及五代时期铸造的沧州铁狮等大铸件。

中国水资源总量比较丰富,但空间和时间上分布不均,容易发生旱涝灾害。因此,历代王朝都要处理好人与水的关系,将水利工程作为富国强兵之举。春秋战国时期,诸侯国兴建了引漳十二渠、邗沟、鸿沟(汴渠)、都江堰、郑国渠和灵渠等水利工程。其中,邗沟和鸿沟使黄河、淮河和长江三大流域得以沟通,为以后开凿大运河奠定了基础。都江堰充分利用河流走势和地形等条件，通过精致的工程创造，巧妙地实现了分水、引水、防洪和排沙等复杂功能，堪称因地制宜以及人与自然和谐共生的工程典范。

秦始皇建立统一的、中央集权的秦朝，采取一系列巩固国家政权的措施，诸如统一度量衡，修筑以咸阳为中心的道路系统，将燕、赵、魏等诸侯国修筑的防御工程连成万里长城，以抵御北部游牧民族侵袭。长城"因地形，用制险塞"，反映了中国先贤勘测、规划设计、营造施工和工程管理等方面的高超水平，以及朝廷整合资源和治理国家的能力。它也是工程建造者把握复杂环境条件和约束条件，因地制宜地运用适宜技术的杰作。

质量是产品和工程的生命，它需要以规则为保障。中国很早就建立了标注制造者姓名的制度。战国时期，秦国实行"物勒工名"制度，即要求器物的制作者，甚至督造者把自己的名字刻在所制作的产品上，以方便管理者检验产品质量、考核工匠的技艺及逐级追查责任。据《吕氏春秋·孟冬纪》记载，"物勒工名，以考其诚，工有不当，必行其罪，以穷其情"。也就是说，如果做得不好、不合格，诚信不够，将给予惩处。南宋朱熹为《论语·学而》中的"如琢如磨"做注，道出了匠人追求精致的精神境界："治玉石者，既琢之而复磨之；治之已精，而益求其精也。"这是中国思想家对工匠精神的精彩解说。

中国古代科学技术体系在春秋战国和秦汉时期逐步形成，这为工程创造奠定了比较坚实的知识基础。先秦文献对技术和工程做了精要的总结。齐国官书《考工记》记述了官府手工业的主要工种及相关技术规范，其中包括城邑的布局及城墙、建筑、道路等方面的规范。《考工记·总叙》称"百工"为一国的"六职"之一，同时总结了工匠造物制器之道："天有时，地有气，材有美，工有巧，合此四者，然后可以为良。"这句话反映了天、地、人等要素相结合的"和"的技术观和工程观，这种观念在古代技术和工程的发展进程中发挥了重要的作用[①]。

---

① 华觉明. 中国古代金属技术：铜和铁造就的文明[M]. 郑州：大象出版社，1999：634-647.

隋唐时期土木工程大兴，建成了大兴城、大运河、长安城等宏大工程以及赵州安济桥等众多小型工程。宇文恺创造性地采用图纸和模型进行建筑和城市规划设计，主持营建了隋朝新都大兴城（今西安）和东都洛阳城等工程。大兴城面积达到84平方千米，包括规划严整的郭城、皇城和宫城。以该城为基础，唐朝营建了长安城，其人口超过百万，是当时世界上最大的城市。建成于1420年的北京紫禁城遵循汉唐以来建筑群的布局方式，是世界上现存最大、最完整的木结构的古代宫殿建筑群，代表着中国古代建筑发展的又一个高峰。

汉武帝时期开凿了第一条以漕运为目的的关中漕渠，初步建成以长安为核心的运河体系。隋炀帝下令开凿以洛阳为中心，西到大兴城，东北到涿郡，南至余杭（今杭州），长达2 700余千米的大运河。运河建设者们充分利用地势以及河、湖等资源，兴修水坝、船闸等工程，解决了水源、高差等问题，使大运河沟通了海河、黄河、淮河、长江和钱塘江五大水系，成功连接北方政治中心和江南经济区。在隋代大运河的基础上，元朝将运河路线南北取直，在1293年完成全长1 794千米的京杭大运河工程，明成祖启动大运河的改造工程，使其成为连接南北方的重要生命线。

中国古代科学技术在宋元时期达到高峰，工程创造在当时也取得重大突破。例如，辽代应州（今山西应县）建造佛宫寺释迦塔以及李诫编写《营造法式》，这表明北宋时期以木结构为主体的古代建筑发展到了纯熟程度。北宋的苏颂和韩公廉主持建造成大型天文仪器系统——水运仪象台，这座"大科学装置"代表着古代机械设计的高水平。元朝在大都、上都、洛阳等地建造天文设施，迄今仅存的设施是郭守敬创建的登封观星台。郭守敬将八尺表高改为四丈，并且在圭面上设置景符，将测影误差缩小到2毫米以内。他还创制简仪和仰仪等天文仪器，与王恂等人编制出中国古代最优秀的历法——授时历。

明清时期，中国少有重大技术发明问世，但在制瓷、制茶、生铁冶铸、耕作等领域仍然处于世界先进水平，在工程创造方面继续有杰出表现。例如，中国造船和航海以水密舱壁、硬帆和平衡舵等为技术特长。水密舱壁结构大约成熟于唐代，它提高了船舶的抗沉性。转轴舵在北宋发展为性能更好的平衡舵。指南针在12世纪初

实施载人航天工程、探月工程；等等。

2012年以来，中共中央决定实施创新驱动发展战略，提出建设世界科技强国和社会主义现代化强国的宏伟目标，在科技创新和工程创造方面取得了举世瞩目的成就，其中工程方面的事例包括：建造500米口径球面射电望远镜（中国天眼），建设北斗卫星导航系统、港珠澳大桥、大兴机场等工程，研制高效环保芳烃成套装备、复兴号动车组、歼-20战机、C919大型客机、国产航母，发射月球探测器、火星探测器。其中，天眼的建造使中国实现了大科学工程由跟踪模仿到集成创新的跨越，北斗卫星导航系统在研发过程中探索了新型举国体制，让市场在资源配置方面发挥了应有的重要作用。2024年1月19日，中共中央和国务院表彰81名"国家卓越工程师"和50个"国家卓越工程师团队"，以激发和引领广大工程技术人才埋头苦干、勇毅前行，为中华民族伟大复兴作出新的更大贡献。

总而言之，中华民族在漫长的历史上创造了众多具有中国风格和中国气派的伟大工程，为人类文明贡献了中国的智慧和力量。我们可以毫不夸张地说：中国是工程大国，也是工程强国。造物是中国人的禀赋！

工程创造仰赖自然资源、人力、技术和资金等要素的投入，大型工程建设与国力直接相关。中国幅员辽阔，自然资源丰富，可为工程创造提供各种原材料以及足够的空间和可能；中国人力资源充裕，且不乏勤劳的能工巧匠、工程师、创新者和创业者，如古代的鲁班、李冰、宇文恺、韩公廉、郭守敬等人；中国人比较强调集体合作，而这正是工程建设所需要的一个基本条件；中国作为一个发明的国度，发明了精耕细作技术、造纸术、水碓、水排、指南车、龙骨水车、雕版印刷术、火药、火器、活塞式风箱等技术以及上文提到的重要技术，创造了用于实践的算法等，这些为工程创造奠定了坚实的科技基础；中国作为一个强调"大一统"的大国，其政府拥有强大的动员和整合资源、资金的能力。

工程创造直接服务于国计民生、国家安全及社会发展的各个方面。例如，金属矿的开采和冶炼使人类突破了天然材料的局限，拥有了制器的优良材料；都江堰化害为利，使成都平原成为"水旱从人，不知饥馑"的"天府之国"；长城在很大程度上避免了北方农耕民族与游牧民族之间的战争；大运河作为国家南北交通的大动脉，深刻影响了经济社会的发展格局，加强了国家的统一；多座长江大桥建成，"天堑变通途"；核弹和导弹有力维护了国家安全，提升了中国的国际地位；青蒿素类抗疟药物挽救了许多人的生命，为保障人民的健康和生命安全作出了贡献；高速公路和高速铁路引领了中国速度，促进了各地经济社会的高速发展；北京正负电子对撞机、中国天眼等为科学的探索和应用提供了利器；北斗卫星导航系统为全球用户提供定位服务，产生了广泛的影响；载人航天工程对于增强科技创新能力和综合国力具有重大战略意义。

显然，工程早已成为中国创造的靓丽名片，起到了展现中华文明成就和中华民族精神的作用，值得大书特书。限于本书篇幅，我们仅选择了 36 项有代表性的古今重大工程，以图示为主要形式做非常简要的介绍，而不是以大量文字解读具体的技术创新和科学原理。我们希望这本书在帮助读者理解中国的伟大工程创造和科技贡献方面，能够在某种程度上起到"窥一斑可知全豹"的效果。如果想深入系统地了解 36 项工程中的任何一项，读者可以查阅相关的专业论著。由于我们学识粗浅，书中难免出现疏误，敬请专家和读者们不吝赐教。

张柏春

中国科学院自然科学史研究所，南开大学科技史研究中心

2024 年 5 月 8 日

# 目录

铜绿山古铜矿……………… 001
曾侯乙编钟………………… 009
秦陵铜车马………………… 015
丝绸织造…………………… 023
都江堰……………………… 031
灵　渠……………………… 037
长　城……………………… 043
瓷器制造…………………… 051
安济桥……………………… 059
大运河……………………… 065
沧州铁狮…………………… 073
应县木塔…………………… 077
水运仪象台………………… 083
登封观星台………………… 089
紫禁城……………………… 095
郑和航海…………………… 101
京张铁路…………………… 107
"两弹一星"工程…………… 115
大庆油田…………………… 123
上海万吨水压机…………… 129
南京长江大桥……………… 135
东风号万吨远洋货船……… 141
青蒿素……………………… 147
北京正负电子对撞机……… 153
中国天眼…………………… 159
三峡工程…………………… 165
青藏铁路…………………… 171
上海南浦大桥……………… 181
高速公路…………………… 187
高速铁路…………………… 195
港珠澳大桥………………… 205
北京大兴国际机场………… 211
载人航天工程……………… 219
北斗卫星导航系统………… 227
中国探月工程……………… 235
中国火星探测工程………… 241

# 铜绿山古铜矿

采矿是人类开发和利用自然资源并创造文明的重要活动。采矿对象包括金属矿、非金属矿、煤炭、石油和天然气等。铜绿山古铜矿位于今湖北省大冶市，其开采始于商代，经春秋战国时期延续至汉代，因先进的探矿、采矿和冶炼技术而反映出当时中国乃至世界矿产采冶工程的发展水平。

该铜矿集中展现出中国先民的地下铜矿开采技术体系，包括挖掘、支护、排水、运输、提升、通风以及选矿等技术。到春秋时期已形成非常完整的开采系统和先进的炼铜工艺，包括竖井、斜井、平巷、鼓风竖炉等。战国至西汉时期采用了多种富有创造力的铜矿开采方式，构建了先进的排水系统。它是中华文明的瑰宝之一，在世界矿冶史上占有一席之地。

铜绿山古铜矿遗址占地约14万平方米，长2千米、宽1千米，有矿井近400条、古冶炼场3处，是非常重要的古代文化遗产和工业遗产。

▲ 铜绿山古铜矿遗址（铜绿山古铜矿遗址博物馆供图）

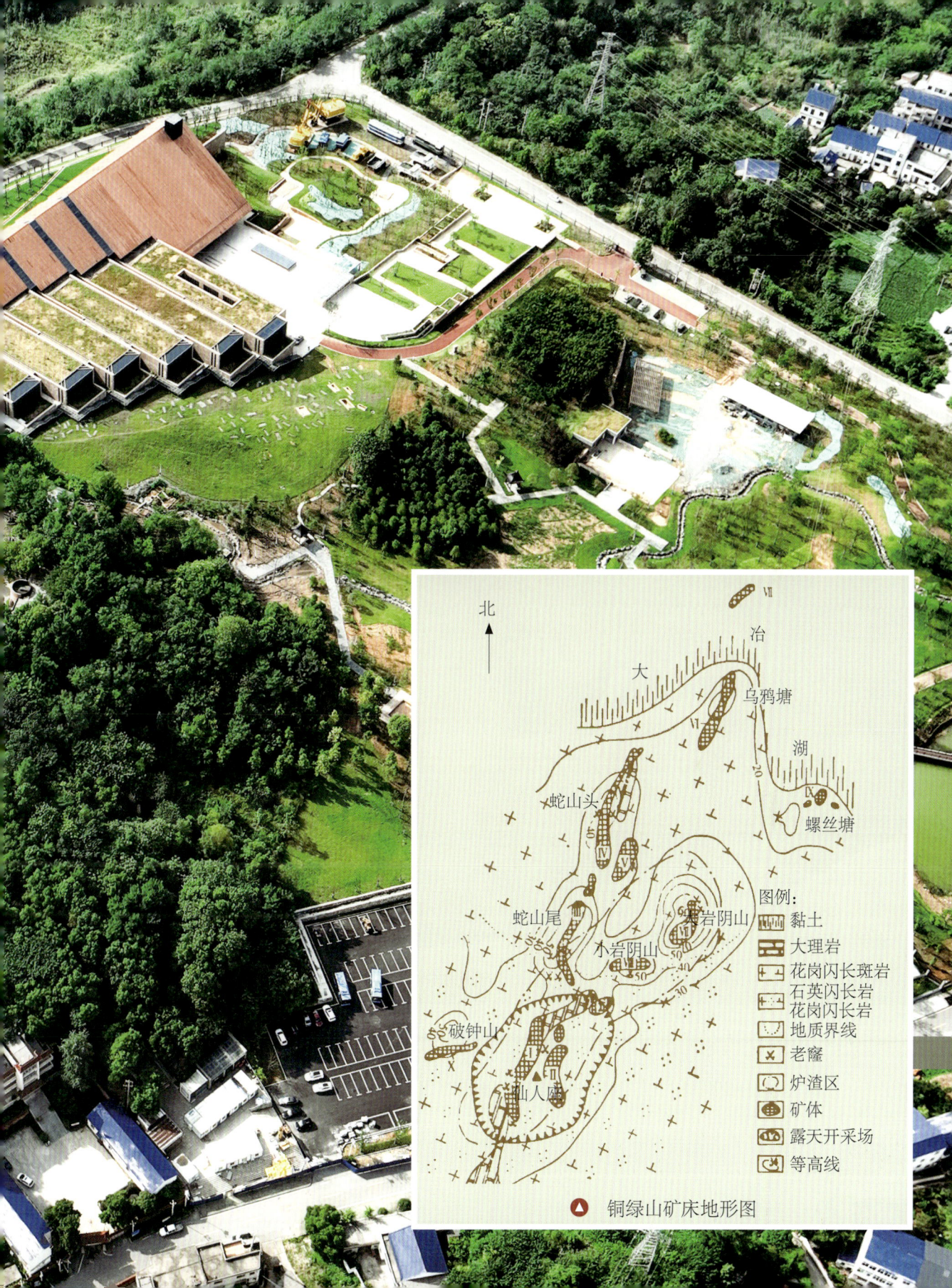

铜绿山矿床地形图

▲ Ⅶ号矿体1号点采矿遗址（铜绿山古铜矿遗址博物馆供图）

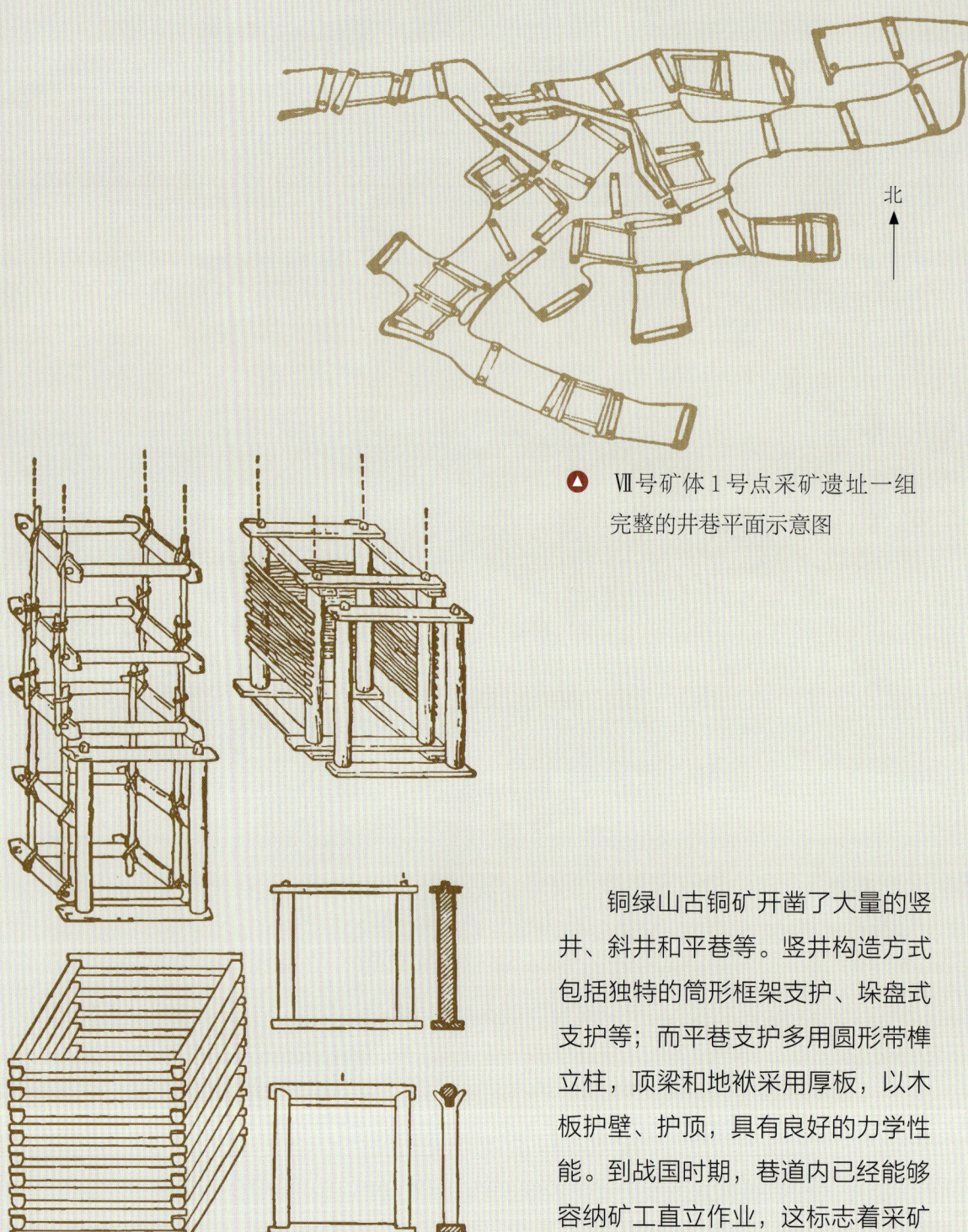

▲ Ⅶ号矿体1号点采矿遗址一组完整的井巷平面示意图

▲ 竖井井架结构示意图

　　铜绿山古铜矿开凿了大量的竖井、斜井和平巷等。竖井构造方式包括独特的筒形框架支护、垛盘式支护等；而平巷支护多用圆形带榫立柱，顶梁和地袱采用厚板，以木板护壁、护顶，具有良好的力学性能。到战国时期，巷道内已经能够容纳矿工直立作业，这标志着采矿技术的巨大进步。

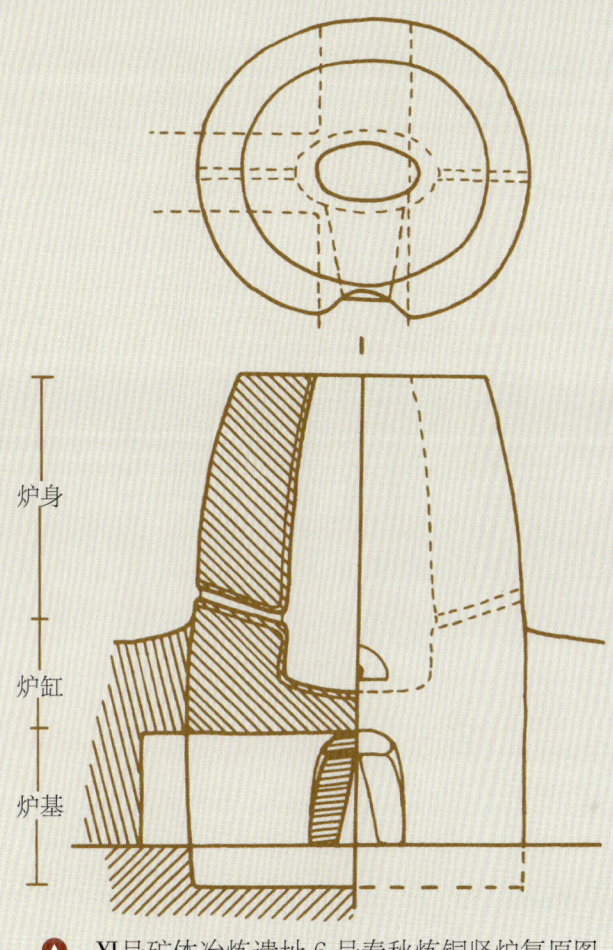

▲ Ⅺ号矿体冶炼遗址 6 号春秋炼铜竖炉复原图

铜绿山炼铜竖炉建在干燥的坡地或土墩上，由炉基、炉缸、炉身组成。竖炉的风口用于人工强制供风，将炉温提高到 1 200 ℃或更高。竖炉的前壁设有金门，开炉时用于架炭点火，冶炼时用预制堵门墙砌上（出渣出铜时须在堵门墙上开孔），运行时还可以拆墙处理故障，这是中国传统炼炉结构的一个特点。铜绿山炼炉开椭圆形炼炉的先河，为春秋战国发展炼铁竖炉、冶铸技术奠定了基础。

中国工程

# 曾侯乙编钟

曾侯乙编钟是战国早期曾国国君曾侯乙所拥有的一套礼乐重器,主要服务于宴饮、朝聘和祭祀等活动,是迄今为止中国出土数量最多、音律最全、保存最好且气势最为恢宏的一套编钟,也是唯一一套传世的曲尺形编钟。

编钟共 8 组 65 件,由 19 件钮钟、45 件甬钟,以及一件由楚惠王赠送的镈钟构成,均为青铜铸制,使用浑铸、分铸等铸造工艺。其中,最大钟重 203.6 千克,高 153.4 厘米。钟架分为垂直相交的两个架面。其中,短架高 273 厘米、长 335 厘米,长架高 265 厘米、长 748 厘米。编钟、钟架及挂钟构件总用铜量达 5 吨。编钟分三层悬挂于钟架上,其中挂在最上层的为 19 件钮钟,斜悬于中间层的为 33 件较小的甬钟,下层为 12 件较大的甬钟及 1 件镈钟。钟的鼓部及鼓侧注有标音和乐律,每件钟能奏出三度间阶的双音,整个编钟音域跨五个八度音程,十二个半音齐备,能演奏五、六或七声音阶乐曲,且可旋宫转调,从而演奏多种乐曲。曾侯乙编钟拥有迄今最为完整的周代乐律称谓体系及乐音系列,并将冶铸技术、声学和工艺美术等融为一体,代表着先秦冶金工程技术的高水平。

▲ 曾侯乙编钟

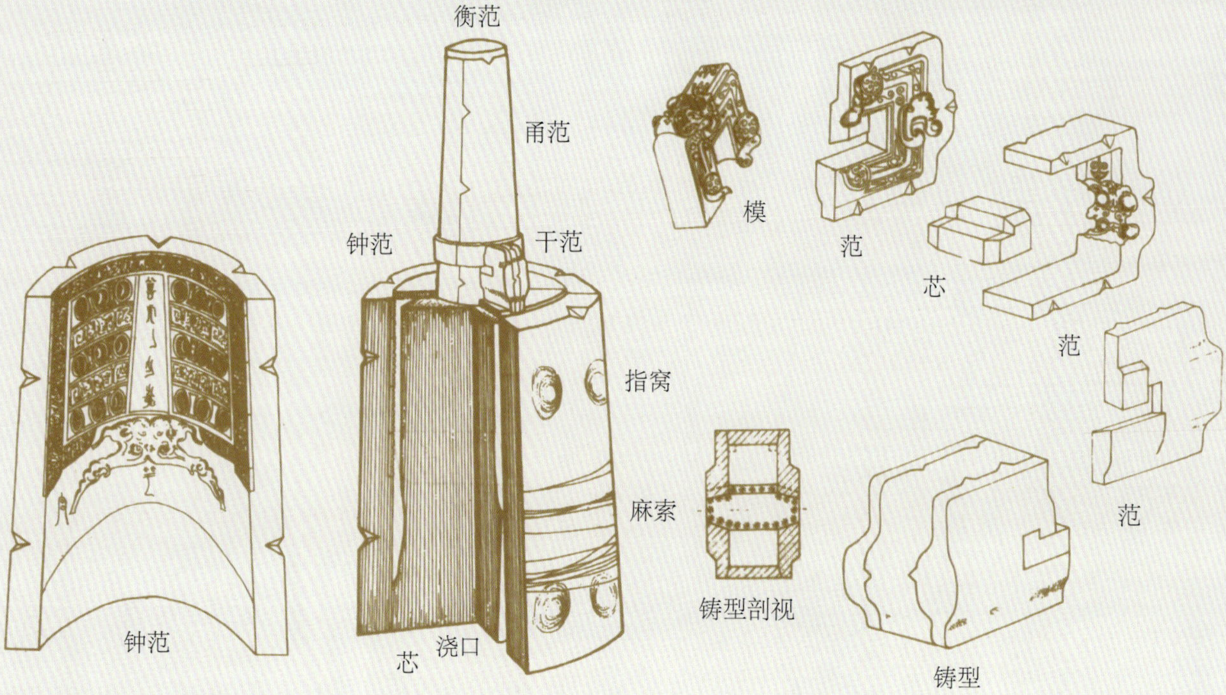

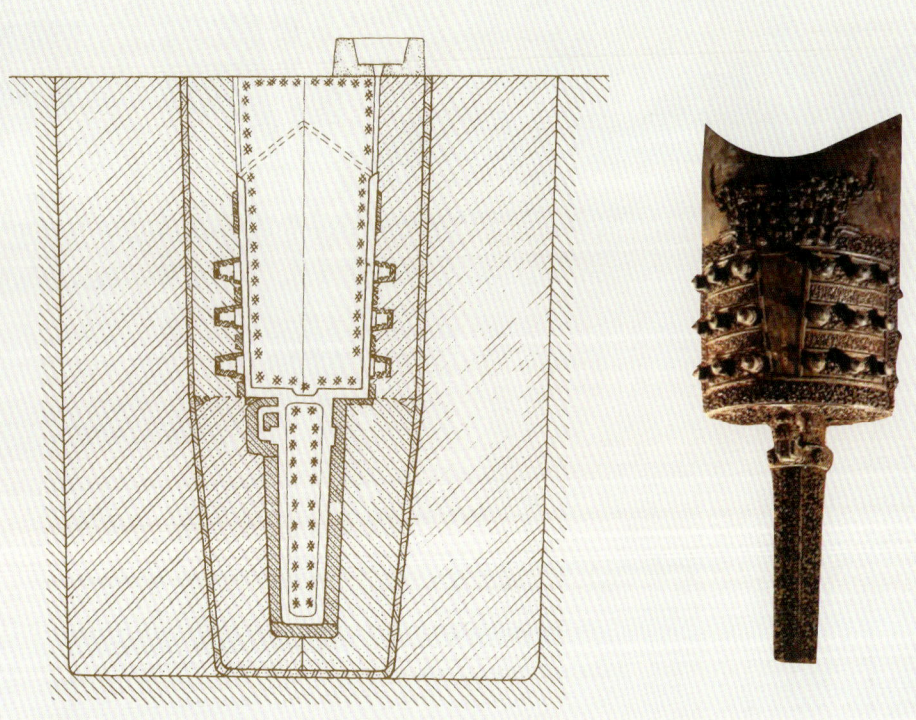

▲ 钟的铸范及其装配

▲ 钟的铸型工艺

块范法出现于新石器时代晚期,是中国青铜时代占统治地位的金属成形工艺。它是指将金属液倒入预先制好的分块组合铸型中,经冷却凝固、清整处理后得到有预定几何形状和物理化学性能的器件的工艺。迄今仍在各地使用的传统泥型铸造,就是由块范法发展而来的。

▲ 曾侯乙编钟表演

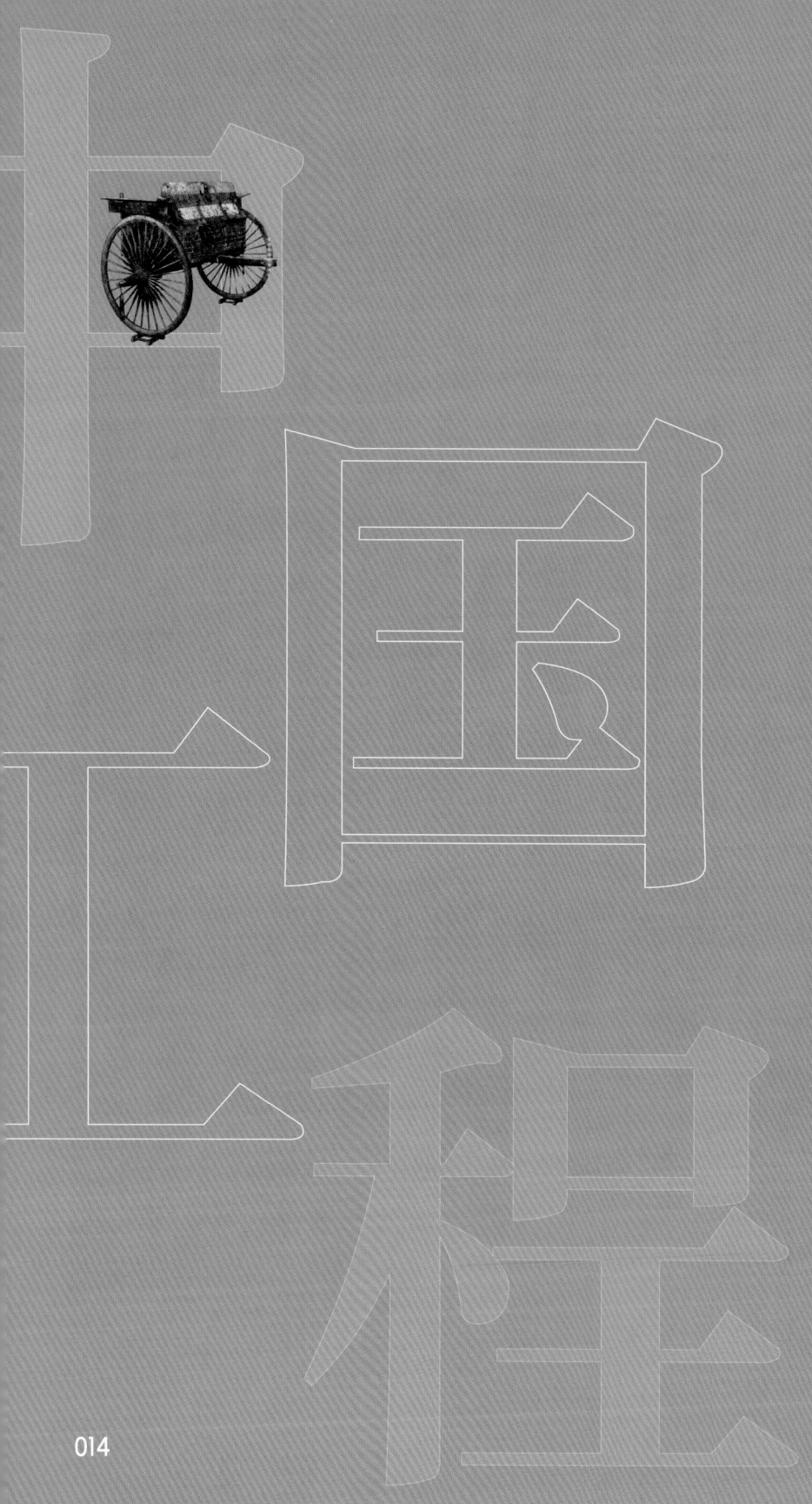

# 秦陵铜车马

秦陵铜车马是秦始皇陵随葬的大型彩绘青铜车马模型,由2 200多年前秦代工匠所制造,1980年出土于陕西临潼秦始皇陵坟丘西侧的陪葬坑之中。秦陵铜车马共两乘,均为双轮、单辕、四马系驾,按秦代真人车马的二分之一比例制作,主要由锡青铜制成,并通体彩绘。其中,一号铜车为"立车",总重1 061千克,通长225厘米、高152厘米,车舆内竖一铜伞,下站立一铜御官俑。二号铜车为"安车",总重1 241千克,通长317厘米、高106.2厘米,上有一龟甲形篷盖,车舆前部有一坐姿铜御官俑。两乘车辆铸造方法相同,首先通过分铸法、浑铸法等来铸造各个零部件,然后通过铸接、焊接、铆接、镶嵌、子母扣连接等方法,将总共约7 000个零件组装起来。秦陵铜车马以精湛的金属工艺,展示了2 200多年前中国车辆的设计和制造技术以及冶铸工程的创造水平。铜车马所采用的多种金属工艺被后世的铁器加工工艺所继承和发扬,影响深远。

▲ 秦始皇陵兵马俑一号坑

▲ 考古发掘现场

▲ 秦陵一号铜车马（立车）

▲ 置于铜车上的铜弩

车辆是先秦最为复杂的机械装备。秦陵铜车马采用轭靷式系驾法，即由马颈上"人"字形的轭与轭軥上后引的靷绳共同承力的系驾方式。两辆车的重心位置、车辕结构和尺寸等改善了牵引性能，轮辐、马衔等部件的尺寸、形状、表面粗糙度等表明秦代车辆制造中实现了部分零部件的标准化。轮轴上嵌着若干条状的锏，锏和釭构成耐磨性能优于木结构的金属滑动轴承。

▲ 秦陵二号铜车马（安车）

# 丝绸织造

中国是丝绸的发源地。河南荥阳仰韶文化遗址出土的丝织物残片表明，中国先民在距今5 000多年以前就发明了缫丝和丝织工艺。丝绸生产技术在青铜时代已达到很高水平，战国时期出现大量平纹经锦、提花纹罗、暗花凌绮。汉代锦和绣大量生产，反映了丝绸工艺的显著提升。汉武帝时，张骞出使西域，打通横跨欧亚大陆的"丝绸之路"，使中国的蚕丝和丝绸不断地输往中亚、西亚和欧洲，开启丝绸的全球化进程。

隋唐时期，中国丝绸手工业兴盛，丝绸织品的花色、样式丰富，制作精益求精，束综提花机问世，印花技术臻于完备。宋元时期，官营丝织生产规模远超唐代，民间丝绸生产也非常普遍，长江流域逐渐成为全国丝绸织造的中心。明朝时期，丝绸生产空前活跃，形成了苏、杭、松、嘉、湖五大丝绸重镇，且海上丝绸之路达到鼎盛期。

丝绸是中国古代的主要出口商品之一，也是中华文明的符号。通过陆上和海上"丝绸之路"，丝绸及相关知识传播至亚洲、欧洲等地区，促进了不同文明之间的广泛交流与经济社会的发展。

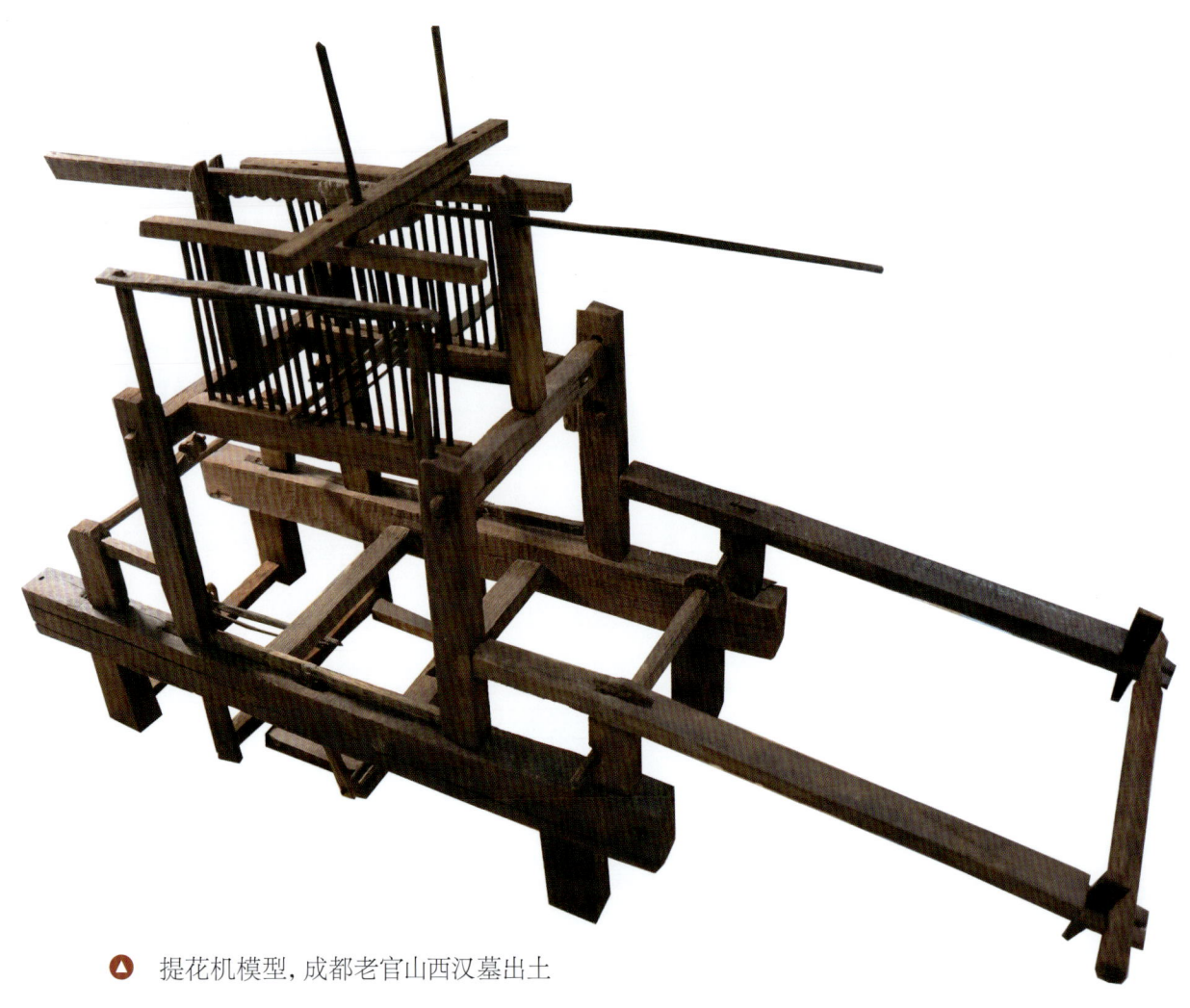

▲ 提花机模型，成都老官山西汉墓出土

  古代织机经历了由原始腰机到踏板织机，再到提花机的发展历程。提花机是能够贮存提花信息的织机。凡织造花纹，须将提花开口信息用织机上的提花装置贮存起来，以使得这种记忆的开口信息得到循环使用。多综式提花机在西汉已经出现，束综提花机大约出现在唐代初期，小花楼提花机到明代已相当完备。现代学者按照老官山西汉墓出土的提花机模型制作出可以实际操作的原大织机，并用它成功复制了新疆尼雅遗址出土的"五星出东方利中国"织锦护臂，其织造难度及精美程度堪称汉锦之最。

◀ 汉代"五星出东方利中国"织锦护臂

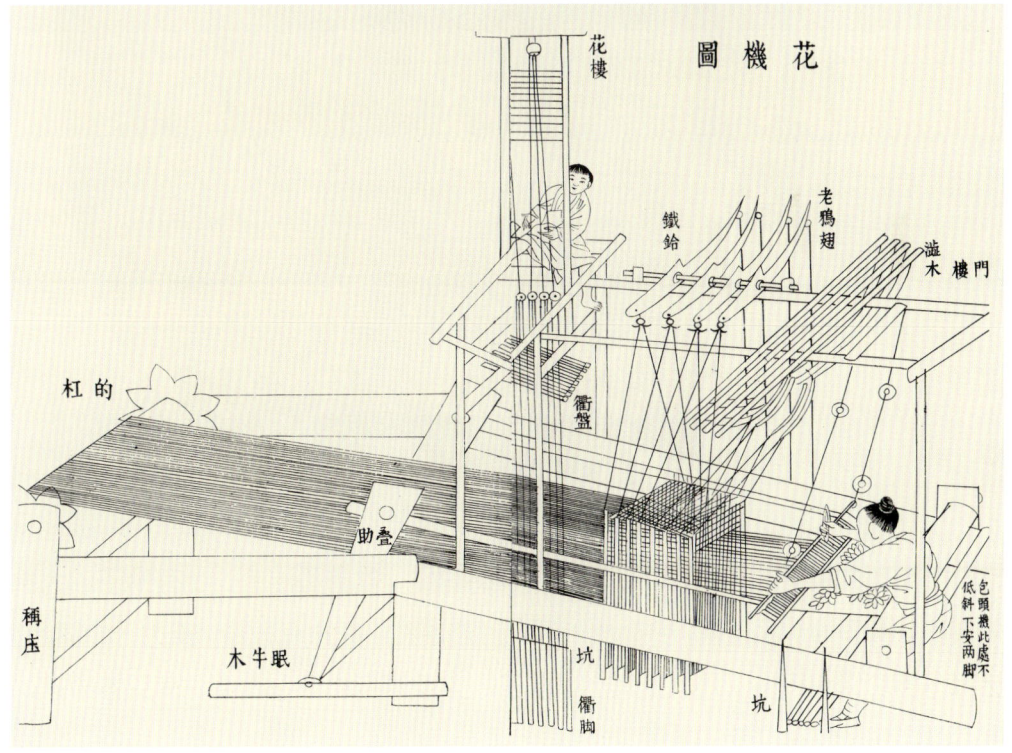

▲ 明代《天工开物》中的小花楼提花机

▶ 北朝方格兽纹锦

"北朝方格兽纹锦"为北朝时期经典纺织品,吐鲁番出土,上有狮子、大象等图案。狮子为伏卧造型,并吐出长舌,形态温驯。象背有鞍鞯,实为一个舞台,上撑华盖,铺有莲座,且人坐其上。狮子、大象源自中亚、西亚、南亚等国家,是西域与中华文化交流的重要象征物。

南宋沈子蕃《缂丝山水》轴

▲ 缠枝牡丹金宝地锦（局部），清早期江宁织造局织造（故宫博物院供图）

◀ 清代中叶顾洛《蚕织图》。从右至左、从上至下描绘的工序为：浴蚕、分箔、采桑、大起、捉绩、二眠、三眠、上簇、炙箔、下簇、择茧、缫丝、贮茧（或称茧）、蚕蛾出种、络丝、整经、摇纬、攀花（织造）、剪帛。从纺织工艺的合理性来看，正确的排序应该是：浴蚕、二眠、三眠、大起、捉绩、分箔、采桑、上簇、炙箔、下簇、择茧、缫丝、贮茧（称茧）、蚕蛾出种、络丝、整经、摇纬、攀花（织造）、剪帛

中国工程

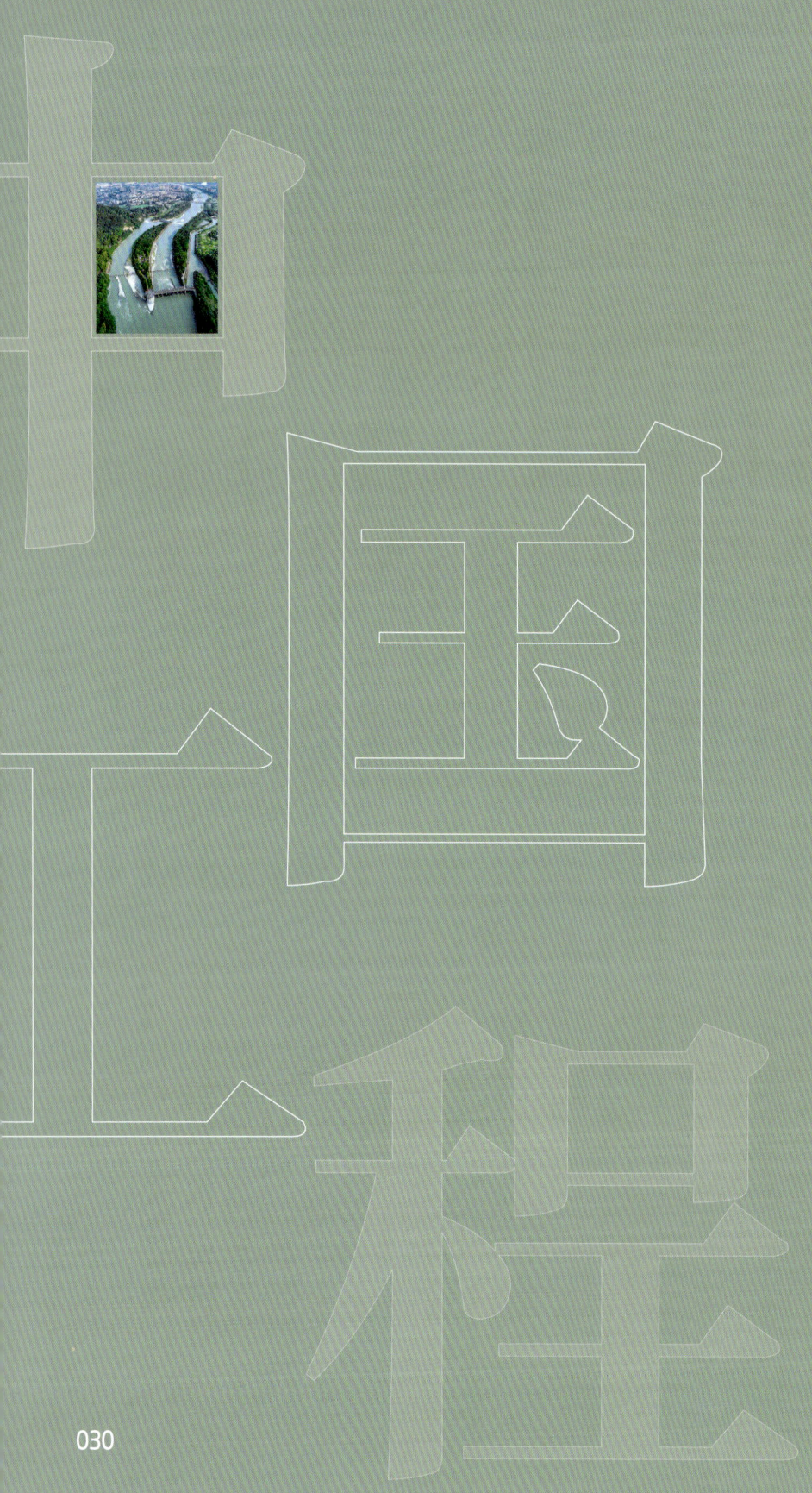

# 都江堰

都江堰是中国古代大型水利工程，也是世界上现存最早且唯一留存的无坝引水工程。始建于秦昭王末年（公元前256—前251年），由秦国蜀郡太守李冰组织修建，其渠首位于都江堰市。建造者们充分借助当地西北高、东南低的地势，利用竹笼、木桩和卵石等建筑材料，构建了具有堤防、分水、排沙、泄洪、灌溉、水运等功能的综合性水利工程体系。

早期的主要工程设施包括导流堤、进水口、水则等，至唐代时逐渐完善，最终形成了鱼嘴与金刚堤、飞沙堰、宝瓶口等主体枢纽工程。鱼嘴居于岷江江心沙洲的顶端，并将其分成内外二江，以调节内外江水流比例。鱼嘴与其后面的内外金刚堤构成分水工程的主体部分。其中，南侧是外江，为正流，以泄洪为主；北侧为内江，主要功能是农田灌溉。内江右岸的弯道处是飞沙堰，其河床比内江高2米左右，具有排沙、泄洪功能。在宝瓶口以下约1千米处，内江被分流为走马河和蒲阳河，所形成的河堰涵盖了14个县，而外江的灌溉区则包涵3个县市。都江堰消除了岷江水患，并将岷江水引入成都平原，使成都平原成为西南地区重要的粮食产区。

▼ 都江堰全景

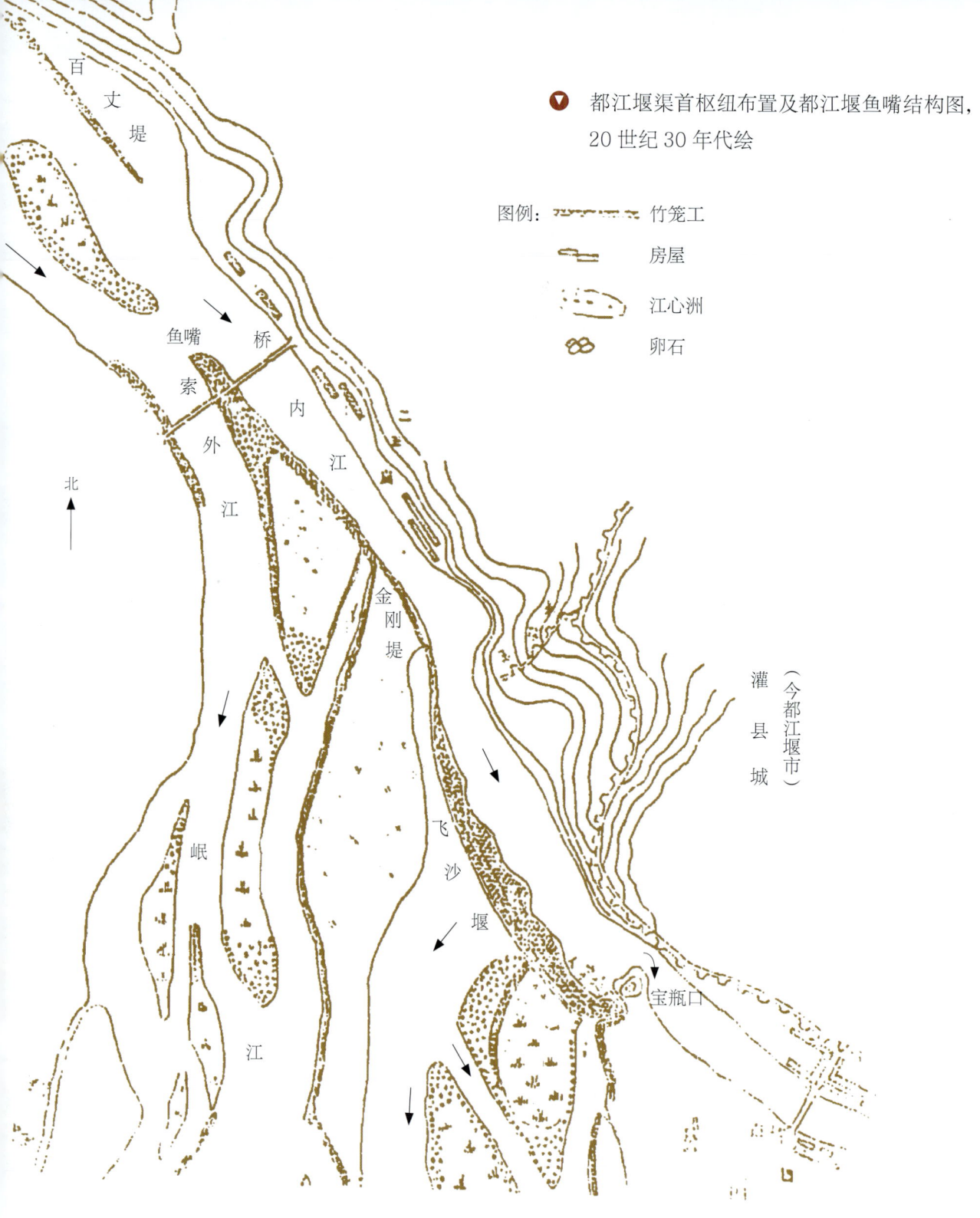

▼ 都江堰渠首枢纽布置及都江堰鱼嘴结构图，20世纪30年代绘

都江堰反映出高超的工程创造力。岷江枯水季节时约六成的水被引入内江，洪水季节时约四成引入内江。当内江水量超过宝瓶口流量上限时，多余的水便自此溢入外江。宝瓶口为人工开凿的灌区取水口，内江水经此流向成都平原。尤其独特的是，宝瓶口和飞沙堰的选位巧妙利用了弯道环流效应。江水主流沿内江凹岸走，在离心力作用下，凹岸水位壅高，凸岸水位降低，促使河槽内产生横向环流，底层含沙量较多的水则流向凸岸即飞沙堰，使内江的沙石随横向底流被排出飞沙堰。

▲ 都江堰宝瓶口。宝瓶口处于凹岸，在水流顺江而下的时候，较清澈的表层江水流向宝瓶口，浑浊的底层江水流向凸岸，即飞沙堰

中国工程

# 灵 渠

灵渠位于今广西壮族自治区兴安县内，是世界上现存最为完整的古代水利工程之一。灵渠是秦代为统一岭南而由史禄主持开凿的运渠，全长约37千米，以湘江为主要水源。它沟通了湘江与漓江，由北渠、南渠、铧嘴、大小天平、秦堤、陡门和泄水天平等构成。北渠全长3.25千米，湘江水通过分水工程铧嘴和大小天平石堤引流后，三七分开，七分水流入北渠，经高塘村再入湘江，三分水经南渠引入漓江。南渠全长约33.15千米，其宽度小于北渠，始自南陡口，流至溶江镇灵河口入漓江。北渠选择曲折型渠线，以减缓水流速度，同时兴建多个通航建筑物陡门。陡门为半圆形石堤，最多时达36个，相互间距从数百米至一千米不等，从而形成小型的水库体系，类似于现代船闸，可调节水位，使船只平稳、高效通过。

灵渠将长江水系与珠江水系连通在一起，促进了南北方的交流与融合。灵渠的建设展现出高超的工程规划、设计和施工水平。

▲ 灵渠与湘漓二水沟通的路线示意图

▲ 灵渠分水枢纽工程及南北渠的连接

灵渠南北地形高差大，水面不易平顺衔接。灵渠开凿者选择水量丰沛的湘江为主水源，在上游找到最合适的分水点（运河与天然河道的结合部），修建导流工程，既实现运河自流供水，又减缓渠道的纵比降，获得适合船舶航行的流速和水深。

▲ 灵渠

▼ 1998 年 12 月发行的灵渠邮票

中国工程

# 长　城

　　长城是中国古代规模最为宏大的军事防御工程，最早出现于公元前 7 世纪至公元前 5 世纪，修筑目的主要是防御他国或他族进攻。春秋时期的楚国在今河南省南阳市方城县至邓州市间修筑了数百里的长城，战国时期的齐、魏、燕、赵、秦等诸侯国相继修筑长城。秦始皇统一六国后，为抵御匈奴侵扰，动员近百万劳动力，将秦、燕、赵三国所修筑的北方长城连接起来，并进行扩建，形成西起临洮、东至辽东的长达万里的长城。此后，历代均在不同程度上对长城进行增筑与修缮，其中，以明代修筑工程规模最为宏大，使辽宁虎山至甘肃嘉峪关的长城达到 8 851.8 千米。至今，长城遗存的墙体及墙壕总长度达 21 196.18 千米，分布于 15 个省、自治区和直辖市，遗存总数达 43 721 处。

　　长城主要由城墙、烽火台、城堡、关隘等部分构成，修筑材料及方法多为夯土、石砌、砖砌，充分体现了人类创造宏大工程的能力。长城很大程度上避免了北方农耕民族与游牧民族之间的冲突和战争，为各方的发展提供了一个相对稳定的环境。同时，通过长城的关隘系统，农耕文化与游牧文化之间的交流及互动也较为频繁，产生了重要的政治、经济、文化和社会价值。长城在中国历史上具有无与伦比的象征意义，其规模之大、历史之久堪称世界建筑与土木工程史上的奇迹。

长城途经十分复杂的地势和环境。营造者因地制宜，使得建筑结构因材料和施工条件不同而呈现多样性。西部地区长城多为夯土构筑，东部地区以石砌包砖、黄土包砖或石砌为主。夯土墙通常在平地或在高阜地形上分层夯筑。石墙一般是两侧包砌片石或块石，中间夯土或以碎石填充，或者采取其他砌筑方式。明代长城修筑达到新的高峰，八达岭、居庸关、司马台等重要工程多采用砖砌或以砖包砌等修筑方式。

▼ 长城分布图

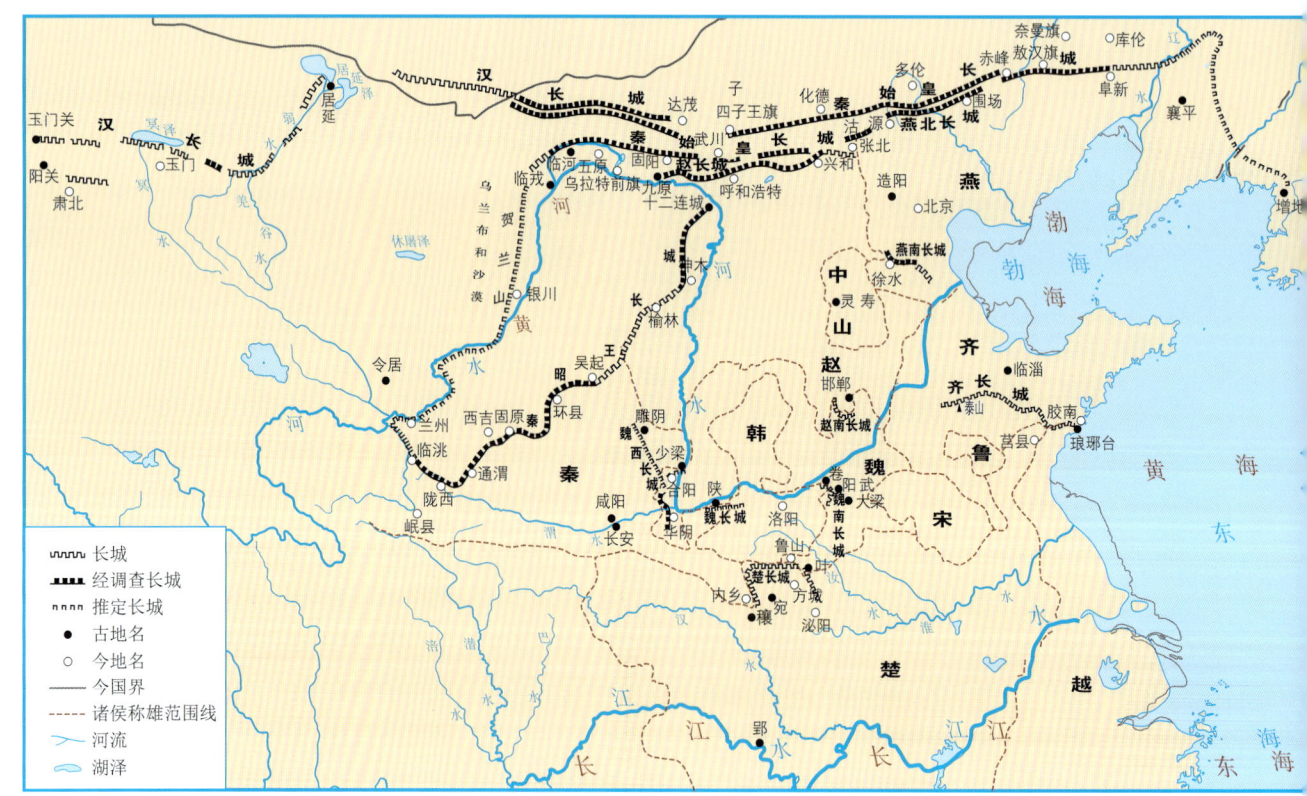

▲ 玉门关夯土长城

▲ 阳关

▼ 金山岭长城

🔺 内蒙古包头秦长城

🔺 嘉峪关,明代长城沿线保存最完整的一座城关

▲ 山海关被称为"天下第一关",位于河北省秦皇岛市

# 瓷器制造

中国是瓷器的发明国。瓷器是利用瓷土制作并施釉，经1 200℃以上高温烧成的制品。瓷器制造工艺复杂，一般需要经过原料筛选、泥料陈腐与注浆、胎面施釉、高温烧制等工序。瓷器源自夏代晚期、商代初期的原始瓷（釉陶）。东汉时期，浙江上虞地区烧造出青瓷，这是陶瓷发展史的一个重要里程碑。隋唐至五代时期，瓷器烧造形成了南青瓷、北白瓷的基本格局。南方以越窑为代表，它与瓯窑、黄岩窑、婺州窑等一道，形成了青瓷窑系的雏形。河南的巩义窑在青瓷的基础上烧制出白瓷，北方还涌现出邢窑、定窑等白瓷烧造名窑。

宋元时期，中国瓷器由传统的单色釉逐渐扩展至多彩釉瓷，宋代涌现出黑瓷、花釉瓷、铜釉瓷、白底黑花及黑底白花装饰瓷等新品类，形成了八大窑系，包括北方的定窑、钧窑、耀州窑、磁州窑，以及南方的龙泉窑、建窑、吉州窑、景德镇窑。元代开创了以钴矿进行着色等新工艺，青花瓷成为最引人入胜的品种之一。明清时期，制瓷技术在胎釉配方、瓷器成型、施釉、烧制、彩饰以及温度控制等方面均有创新，瓷器的白度和透光性达到空前水平。明嘉靖、万历年间的青花五彩和釉上五彩美轮美奂。清康乾时期又烧制出珐琅彩、墨彩、天蓝釉、乌金釉、珊瑚红等新品类。

中国陶瓷规模性外销开始于唐代晚期，繁荣于宋元时期，在明清时期达到最高峰。中国外销瓷遍布亚洲、非洲、欧洲和美洲，成为最受欢迎、最具竞争力的中国产品之一，并且代表着中国传统的文化、艺术、技术和工程水平，对世界瓷器制作技术发展产生了重要影响。

▽ 宋代定窑白釉孩儿枕

△ 宋代吉州窑黑釉剪纸贴花三凤纹碗
（故宫博物院供图）

△ 宋代龙泉窑青釉盘口凤耳瓶
（故宫博物院供图）

▲ 元代景德镇窑青花鸳鸯荷花纹花口盘
（故宫博物院供图）

▲ 元代景德镇窑青花釉里红镂雕盖罐
（故宫博物院供图）

▲ 明代景德镇南麓窑炉遗址

▲ 明洪武釉里红缠枝牡丹纹执壶
（故宫博物院供图）

▽ 明万历五彩张天师斩五毒纹小盘（故宫博物院供图）

△ 清乾隆广彩人物纹盘（故宫博物院供图）

▷ 清康熙五彩耕织图瓶（故宫博物院供图）

▲ 乾隆八年唐英奉旨编《陶冶图》（部分，自右向左、自上向下）

圓器拉坯

淘練泥土

採石製泥　淘練泥土　煉灰配釉
製造匣缽　圓器修模　圓器拉坯
琢器造坯　採取青料　揀選青料
印坯乳料　圓器青花　製畫琢器
蘸釉吹釉　鏇坯挖足　成坯入窯
燒坯開窯　圓琢洋采　明爐暗爐
束草裝桶　祀神酺顏

管理九江鈔關內務府員外郎臣唐英恭編

琢器造坯

圓器修模

採石製泥

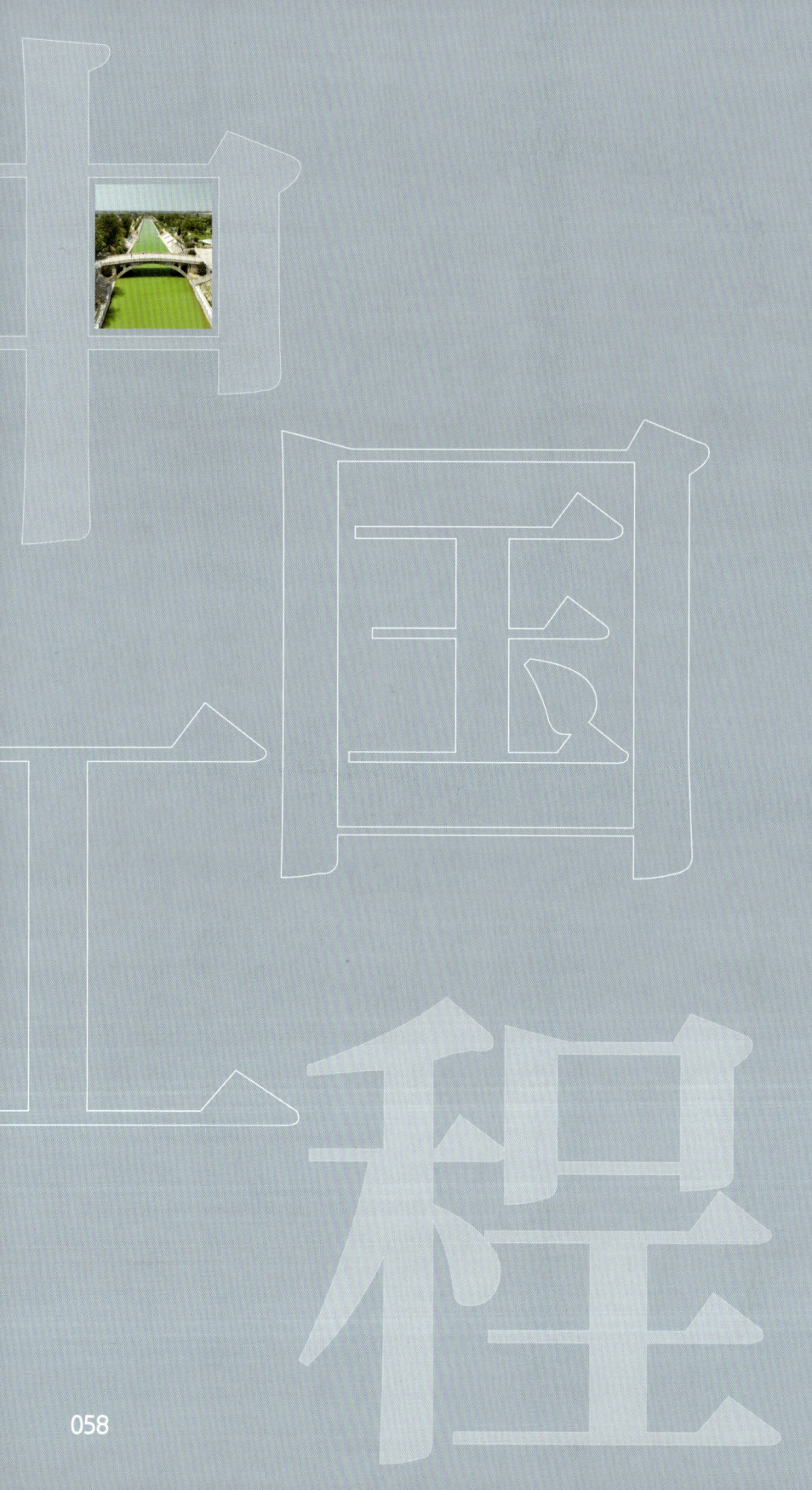

中国工程

# 安济桥

安济桥又名赵州桥，位于今河北省赵县，横跨洨河，是世界上现存建造最早、跨径最大，且保存最完整的单孔敞肩型石拱桥。它建成于隋大业元年（公元605年），其矢高7.23米，净跨37.02米，设计者为工匠李春。设计建造者们并排砌筑了28道石拱券，在拱券上部铺设一层由块石构成的"伏"，并用铁条将券与伏拉紧，保证了石拱券间连接的强度。不同于传统桥肩填实的做法，它在两侧桥肩各砌两个小拱，这一独创性的构造既减轻了桥身重量，又可缓解水流对桥体的冲击力。这座桥向世人展示了中国古代匠人的卓越创造力，被誉为"世界桥梁史上石拱桥的卓越典范"。

▲ 俯视安济桥

▼ 安济桥的敞肩圆弧拱

安济桥采用低拱脚、浅基础和短桥台的桥基，充分利用基底的承载力，有效避免了沉陷。设计者还采取腰铁、收分、勾石和拉杆等多种技术措施，以弥补多道拱券之间横向联系不足的缺陷，增强了桥体的整体结构强度。这座桥在古代被誉为"天下之雄胜"。

▲ 安济桥上联结条石的"腰铁"

▼ 安济桥桥底结构

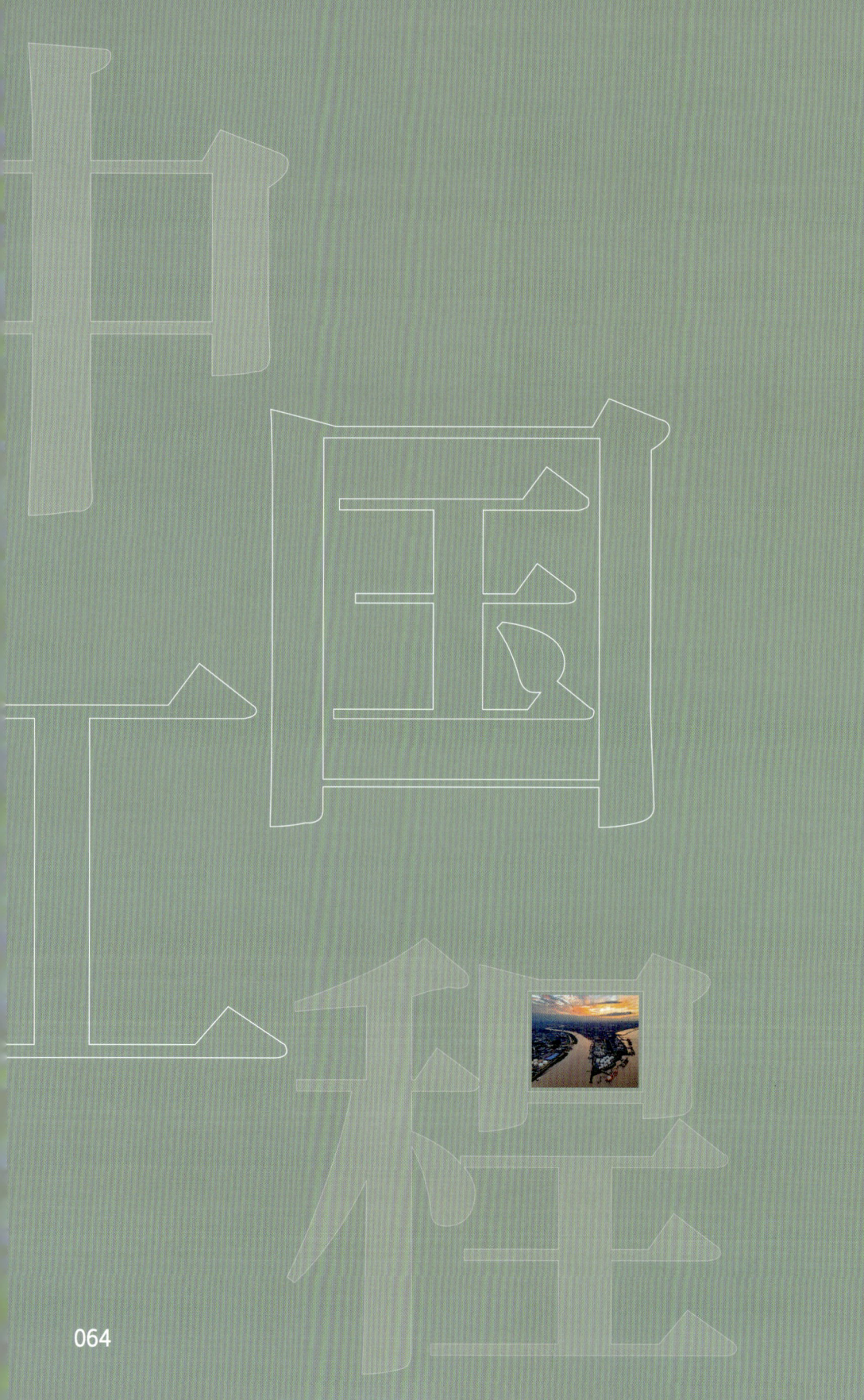

# 大运河

　　大运河特指中国古代各朝代以人工河道为核心所形成的全国性水运体系，具有漕运、运兵等功能，以隋代的南北大运河以及通过重修南北大运河所形成的元代京杭大运河最具代表性。

　　西汉武帝时期开凿了以长安为核心的黄渭运河，它是第一条以漕运为目的的运河。隋南北大运河建成于公元7世纪初期，以洛阳为中心，北至涿郡（今北京），南到余杭（今杭州），最后通过钱塘江至会稽（今绍兴）。主体由通济渠、永济渠、山阳渎、江南河四条运河相连构成，全长2 700余千米，沟通了海河、黄河、淮河、长江、钱塘江五大水系，成为第一个全国性的水路运输网。元代将南北大运河改造成京杭大运河。新运河于1293年贯通，其淮河北部的运河线路变化较大，通过新开凿的济州河、会通河等线路，从淮北直通山东、河北，最终至元大都，全长1 794千米。新中国成立后对大运河进行了整治，在部分航段建成1 000~2 000吨级的高等级航道。

　　大运河是中国古代重要的南北水路交通大动脉，也是世界水利史上的杰出代表，体现了古代水利工程的综合成就。

隋唐大运河郑州段

▲ 隋唐大运河示意图

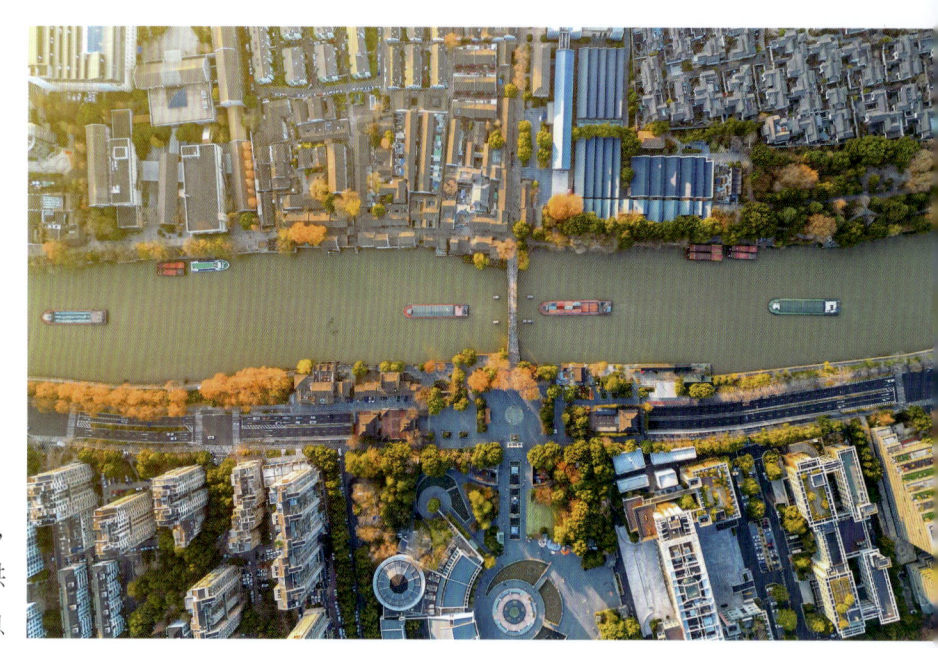

▶ 大运河杭州段,货运船只在拱宸桥下川流不息

▽ 落日夕阳下的京杭大运河

▲ 京杭大运河示意图

大运河属于复杂的工程体系,需要解决诸多技术难题。隋唐大运河充分利用各地河湖水源和地形地势,合理选择水道,将原来的区间性运河连接起来。元代郭守敬进行了新的水资源考察和大地测量,规划了京杭大运河。通过调整运河走向、逐级调蓄水流、修建梯级船闸等方式,逐步实现京杭大运河的通航。明代山东境内修建南旺分水工程,进一步解决了运河高差和水量调节问题。

◀ 苏州吴门桥

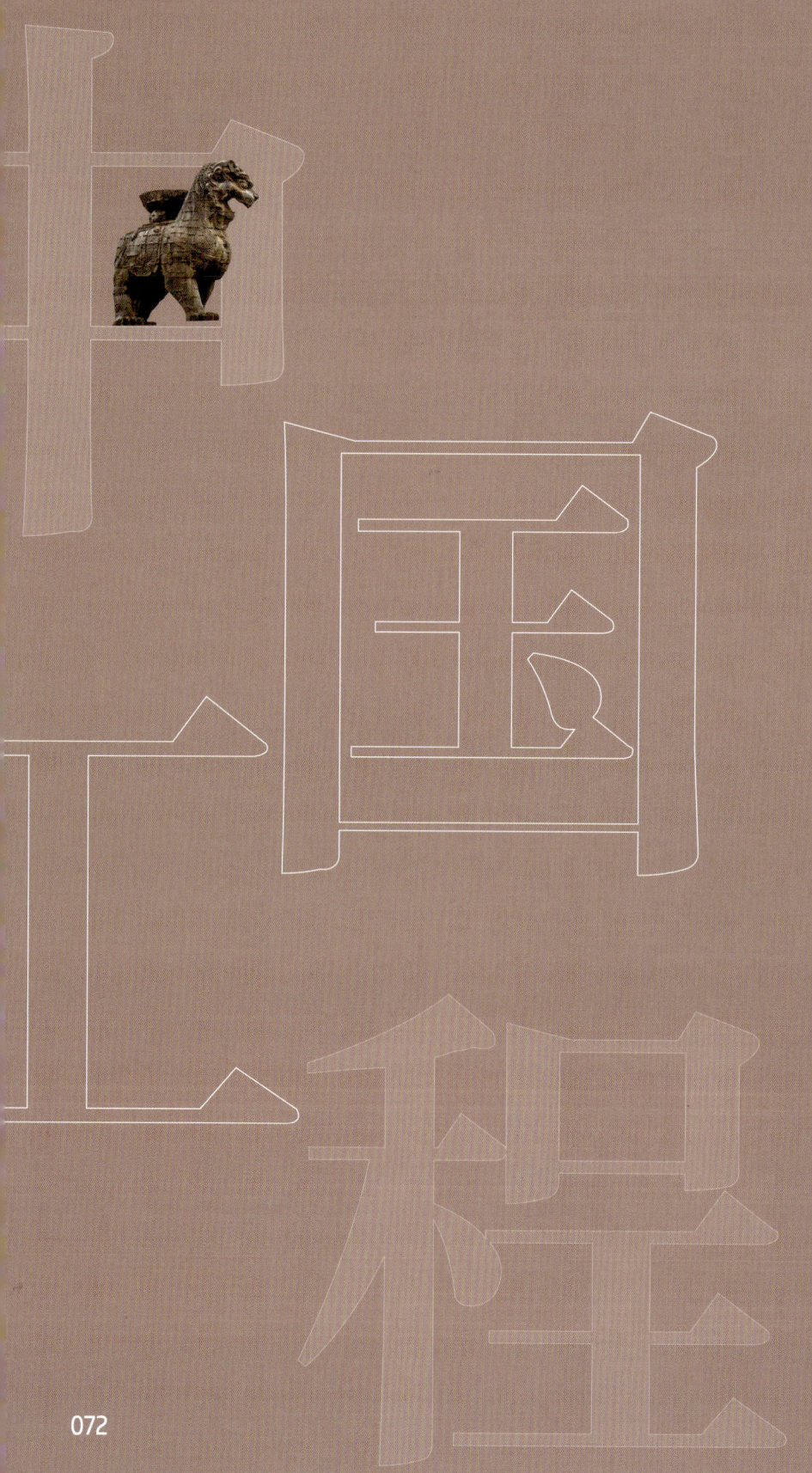

# 沧州铁狮

中国至晚在公元前 8 至前 7 世纪已经发明生铁冶炼技术，在秦汉时期进入铁器时代，铁器应用到社会生活的各个领域。以生铁冶铸为基础，中国发展出一整套先进的钢铁冶炼和加工工艺，创造了辉煌的古代钢铁文明。在制钢技术不断创新的同时，铸铁技术保持着高水平。唐开元年间铸造的蒲津铁牛和后周铸成的沧州铁狮就是反映古代冶铸技术和工程水平的大型铁器。

沧州铁狮位于今河北省沧县，坐落于旧州城开元寺，为古代最大铸铁件之一。它铸于北周广顺三年（公元 953 年），铸者为山东名匠李云。铁狮为立式，背负莲花座，呈阔步疾走状，气势阳刚，头顶及项下均刻有文字"狮子王"。铁狮头部和莲花座上部为白口铁，腿部为灰口铁。铸造采用"泥范明铸法"，外范由 500 多块泥范拼成，拼接处用熟铁条相连，逐层垒起并分层浇注，颈部与背部铸有加强筋。内范布满圆头铁钉，以增强各部分的连接强度。铁狮通高约 5.3 米，通长约 6.1 米，躯宽约 3.17 米，总重量约 29.3 吨，展示出中国古代匠人高超的冶金工程创造力。

▲ 1933年《沧县志》中铁狮子正面照片

▲ 加装了钢管支架的沧州铁狮

# 应县木塔

　　应县木塔位于今山西省朔州市应县佛宫寺内,是中国乃至世界现存最高的纯木结构的塔。它建成于辽道宗清宁二年(公元1056年),金明昌六年(公元1195年)增修,元、明、清时期也曾被修缮。它呈八角形状,建在4米高的石砌台基之上,塔身通高67.31米,塔底的直径为30.27米。从外部看,木塔为五层,但内部含四个暗层,实为九层。最底层南、北方向各开一门,二层以上则设有平座式栏杆。塔内共存有34尊塑像,其中,第一层中央供奉着高达11米的释迦牟尼佛像,第二、三、四、五层均供有菩萨佛像。木塔结构设计合理,通体无铁钉,所有构件通过榫卯咬合而成,榫卯类型多达62种。木塔的每一层均通过内外两圈木柱来支撑,内圈为8根木柱,外圈为24根木柱。通过斗拱(枓栱)等结构,将柱、坊、梁等合为一体,使每层内部形成八边形中空构型。木塔历经数次强震考验,却屹立不倒。总之,这座木塔是中国古代木构建筑的杰作,也是世界木构建筑的典范。

应县木塔

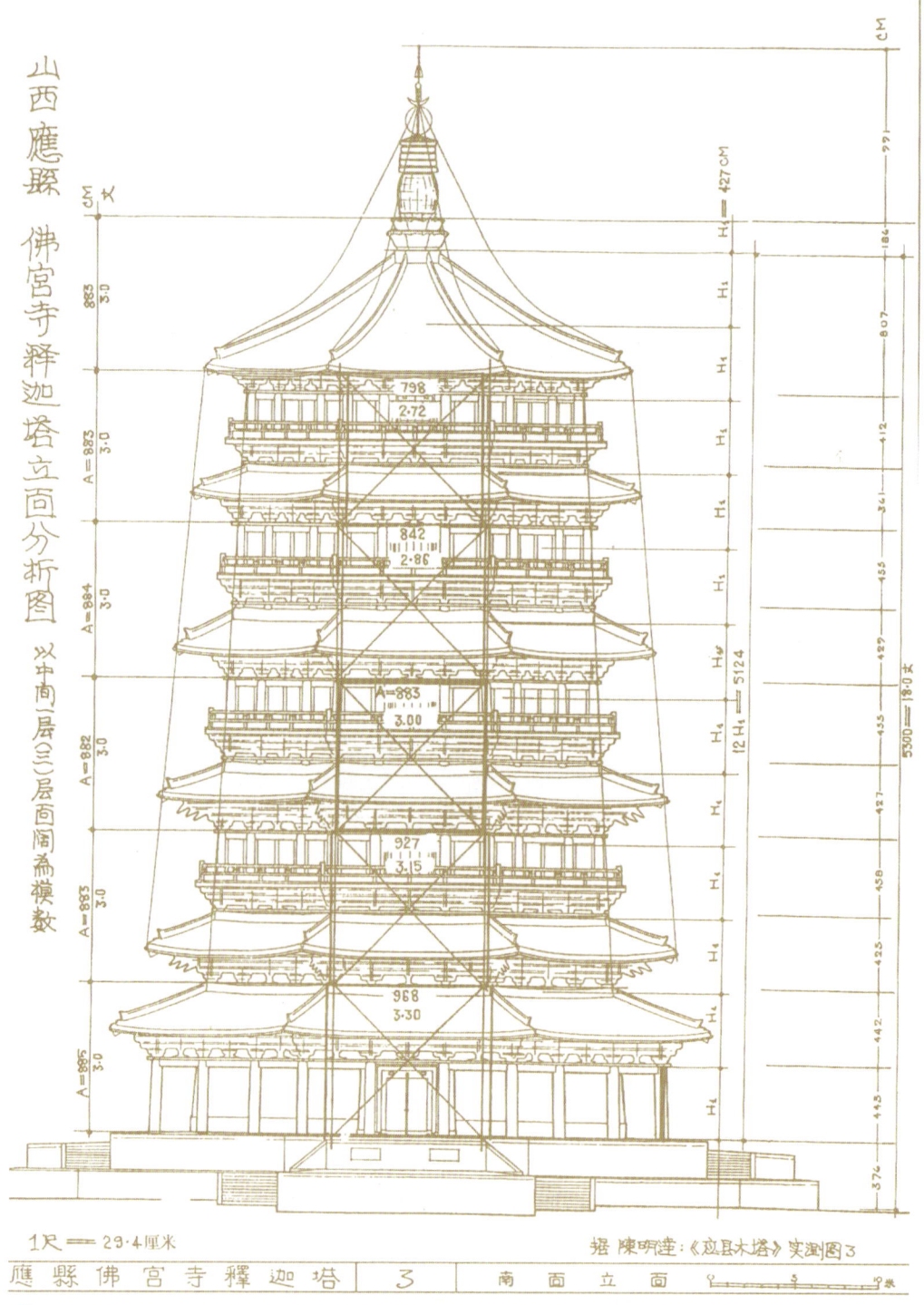

应县木塔结构图

中国木结构建筑体系在秦汉时期基本形成，当时人们发展了高层木构建筑营造技术。应县木塔充分发挥了中国传统木构建筑的结构优势，如木塔各层都采用斗拱屋顶结构。斗是斗形木垫块，拱是弓形短木。拱安置于斗上，向外伸出，端部再托斗，如此逐层叠加，形成由立柱头部向外伸出的屋顶托架。斗拱承托屋顶出檐的重量，保护建筑的墙壁、立柱和台基不受雨水侵蚀。

▼ 应县木塔斗拱结构　　　　　　　　　　▲ 应县木塔内部

# 水运仪象台

水运仪象台建成于 1092 年，是北宋苏颂和韩公廉主持建造的大型天文仪器系统。这套装置高约 12 米，具有天象观测、天象演示与计时的功能，创造性主要体现在两个方面：一是将水轮（"枢轮"）、齿轮系、控制机构、计时器、浑象和浑仪等集成为一个机械系统；二是首创由杆系与秤漏等构成的控制机构（"天衡"），其功能相当于近代机械钟表的擒纵机构。工作原理是：从漏壶均匀流出的水注入水轮的水斗，驱使水轮转动；在杆系与秤漏等构成的机构的控制下，水轮只能做均匀的间歇转动；通过齿轮系甚至还有链传动，水轮同时驱动计时装置、演示天象的浑象、观测星空的浑仪。计时装置以木偶摇铃、敲钟、示牌、击钲、击鼓等方式报时、报刻、报更等。水轮驱动的浑仪望筒跟随星空目标转动。

水运仪象台堪称工业革命之前最复杂的机械系统，代表着古代机械工程的先进水平。苏颂编撰的《新仪象法要》一书，以图说的形式全面描绘水运仪象台的构造，书中的技术图是古代最复杂的一套机械图纸。

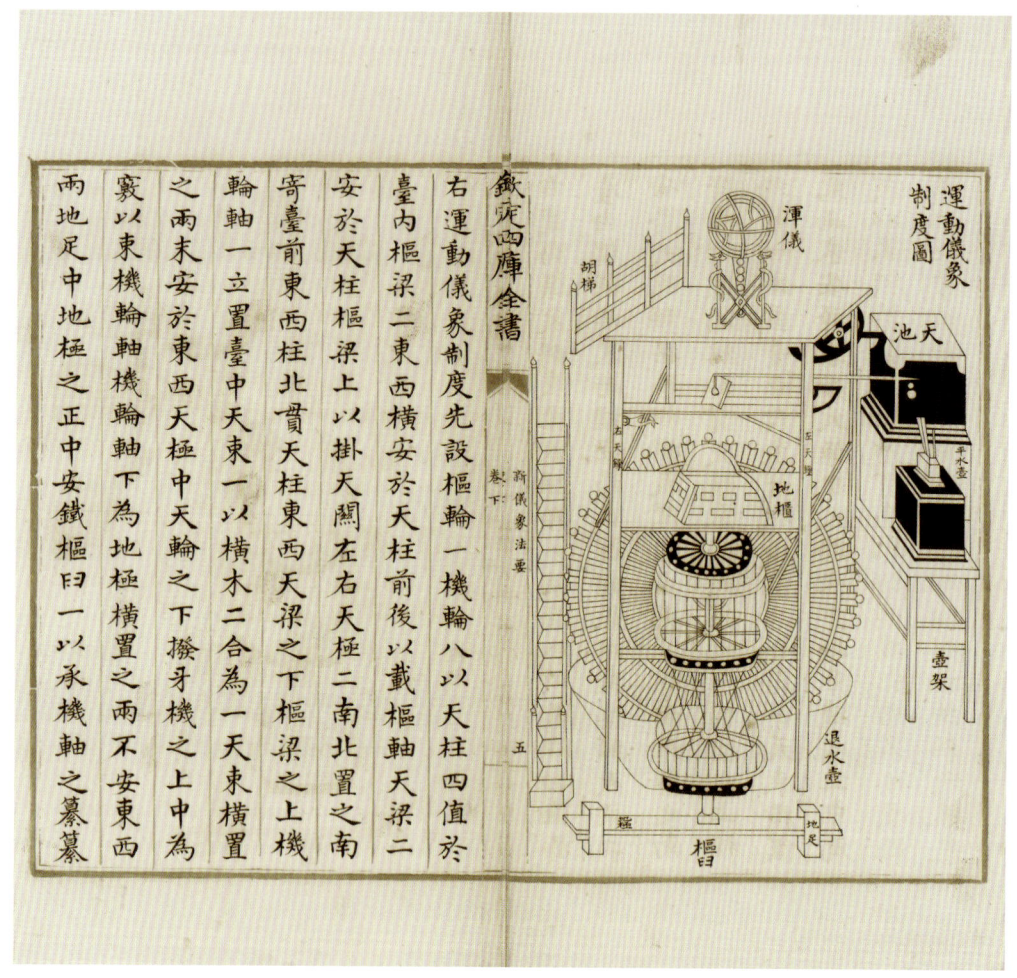

▲ 水运仪象台构造总图

《新仪象法要》中的"运动仪象制度"是水运仪象台的构造总图。20世纪，学者和工程师们将此图与书中的其他图说结合，准确辨识了水运仪象台的机械传动系统和基本构造，包括特殊的擒纵机构——由天衡和枢轮构成的控制机构。迄今，国内外已经多次按照1∶1的比例复原了水运仪象台，使人们能够看到北宋"大科学装置"的机巧和壮观。

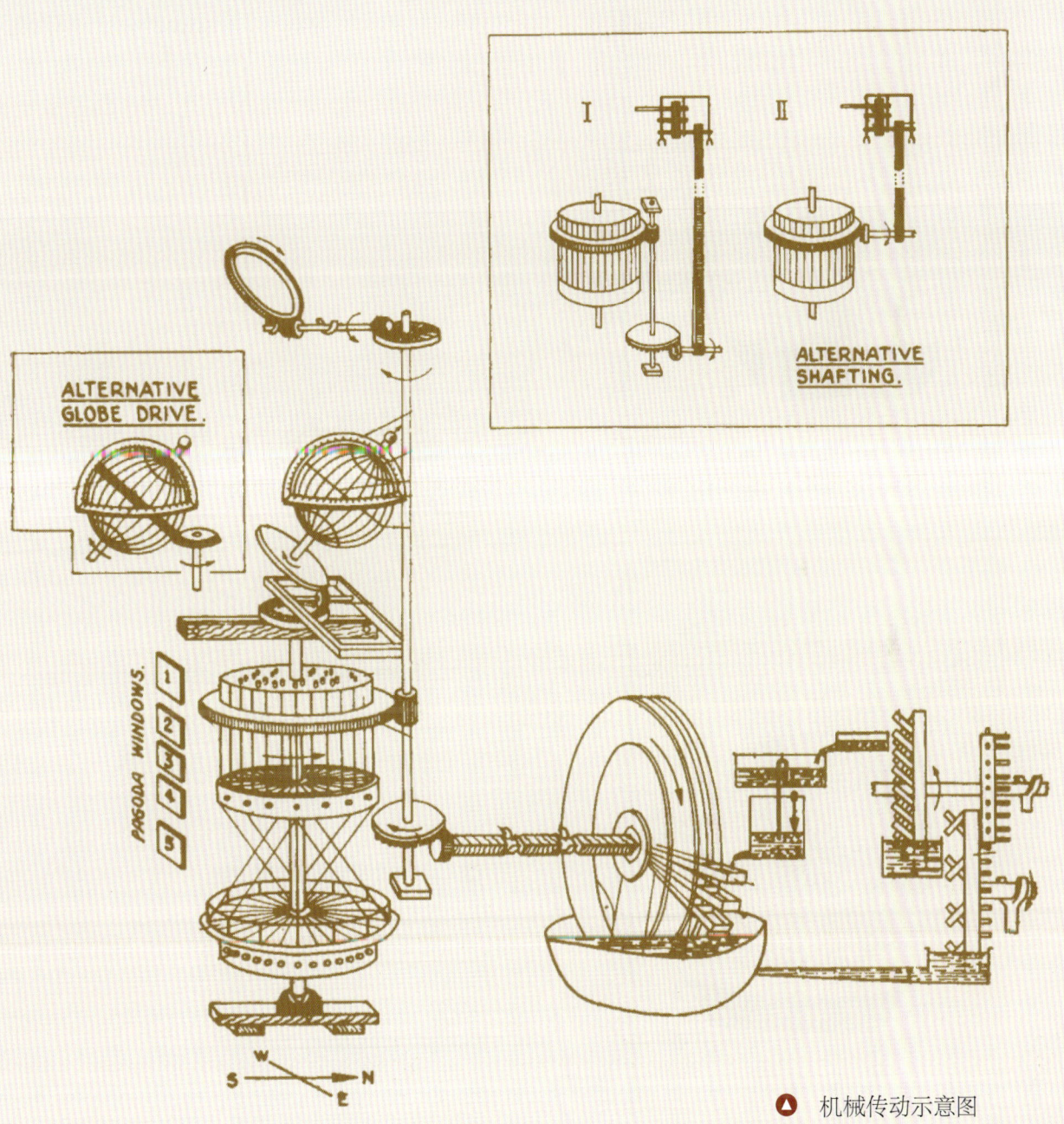

机械传动示意图

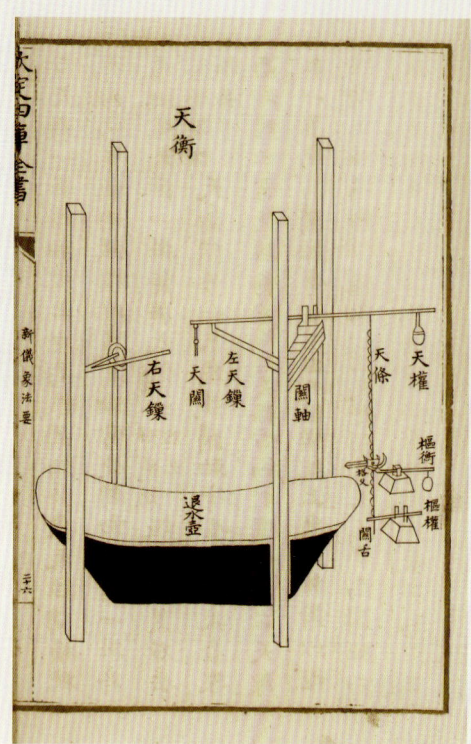

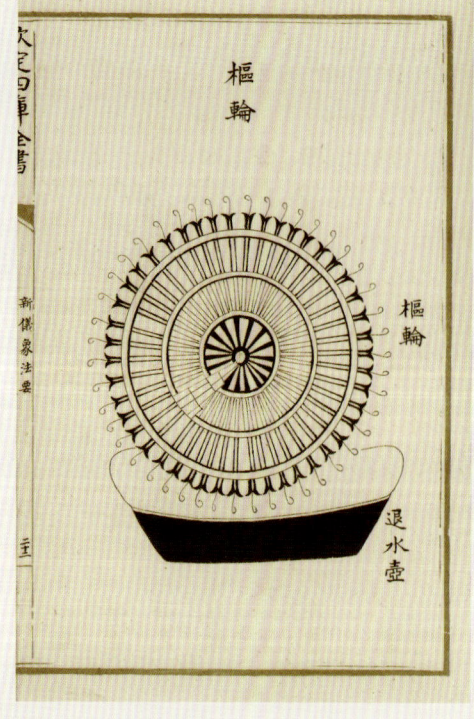

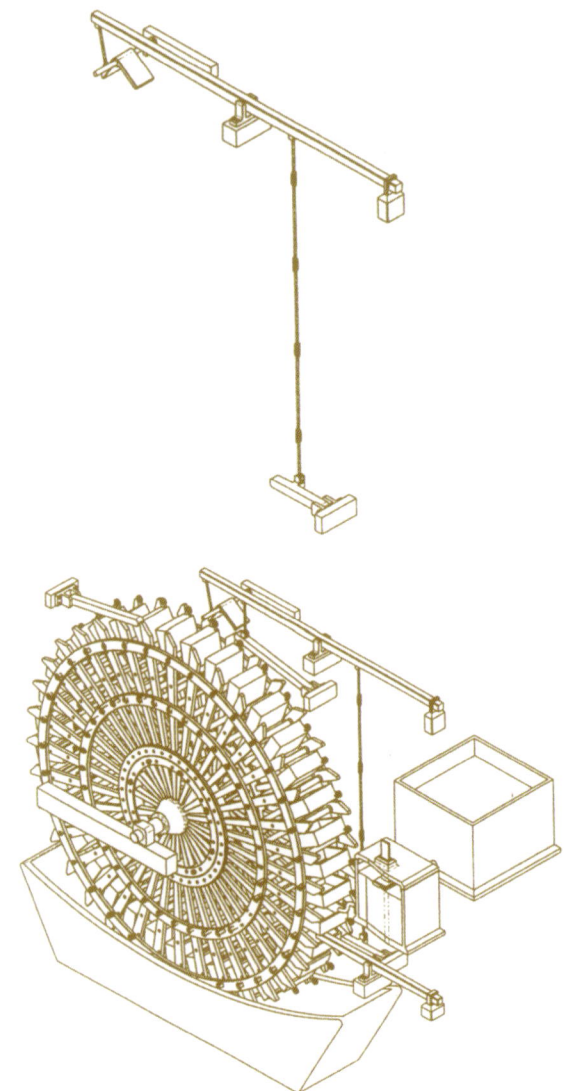

△ 中国式擒纵机构复原图

◁ 由天衡和枢轮构成的擒纵机构

▼ 以1:1比例复原的水运仪象台,位于厦门同安区科技馆

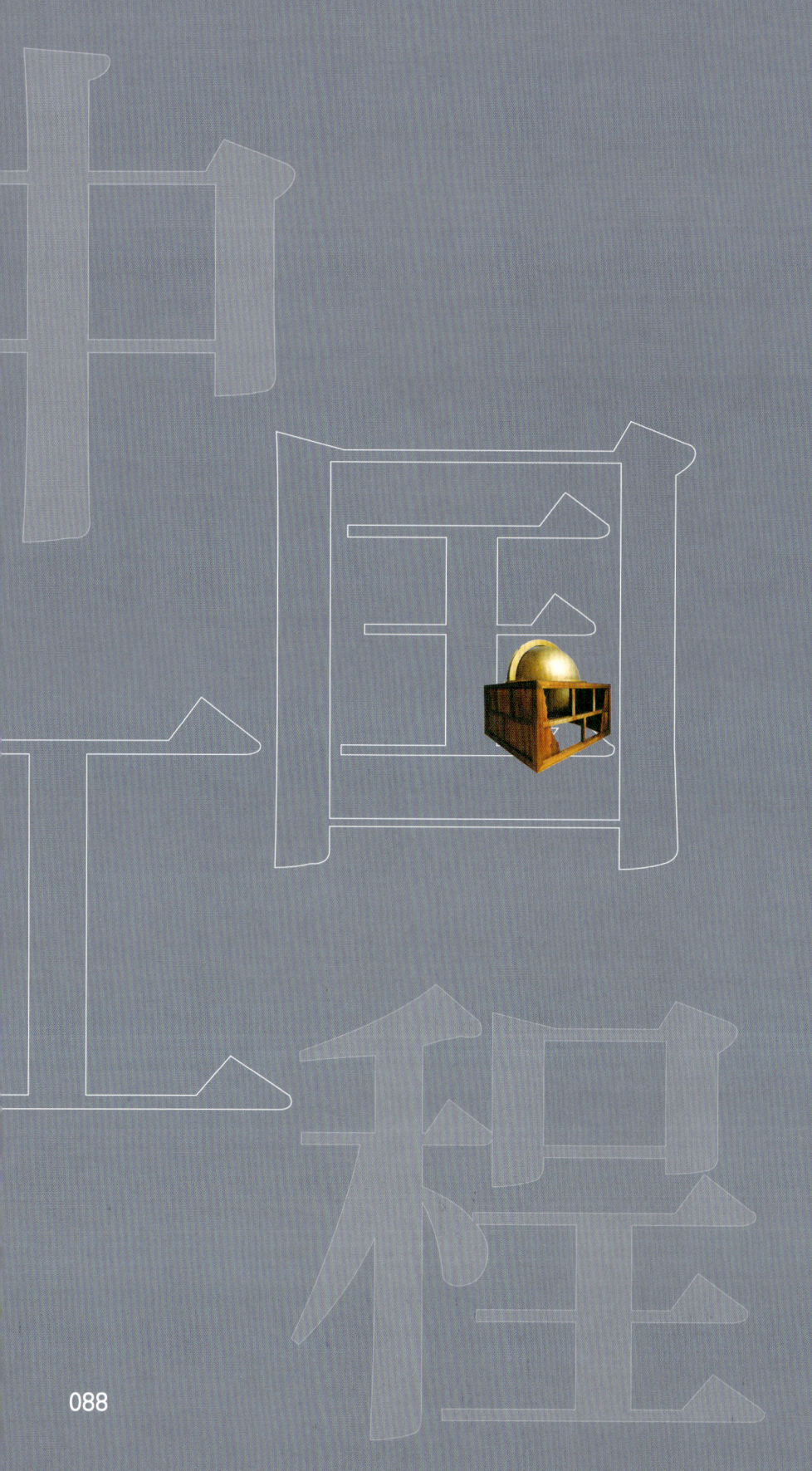

# 登封观星台

登封观星台位于今河南省登封市告成镇北，建成于元代初年，是一座集日影观测、观星、计时等多种功能的天文设施。它采取砖石混合结构，其主体部分为台体和石圭。台体呈覆斗状，为平面方形，四壁以砖垒砌，台高9.46米，台基四边各长16米有余，台顶四边各长8米有余。观星台建有两个对称的踏道口，自此可登上观星台顶部；南壁呈上下垂直状，与石圭距离36厘米。石圭又称"量天尺"，长31.196米，宽0.53米，由36块青石板拼接而成。石圭用于测量日影的长度，其方位与子午线相合，表面有两个相连的水槽，南端水槽为注入池，北端水槽为泄水池。2010年，包括观星台在内的登封"天地之中"历史建筑群被列为世界文化遗产。观星台为古代科学工程的代表作，见证了中国古代天文学的辉煌。

▼ 登封观星台

🔺 明正统二年铸造的赤道浑仪，现存于南京紫金山天文台

浑仪是中国古代最主要的天文观测仪器。西汉时，落下闳改进赤道装置，制作出浑仪。唐贞观年间，李淳风制造出一台由六合仪、三辰仪和四游仪构成的浑仪，这种三重环结构被后世的浑仪继承。现存于南京紫金山天文台的明代浑仪是宋代仪器的复制品。

🔺 明正统二年铸造的简仪，现存于南京紫金山天文台

　　简仪是元代郭守敬简化浑仪之后创制的新式仪器，它主要由一架赤道经纬仪、一架地平经纬仪和正方案构成，放弃传统浑仪的三重环结构和妨碍观测的圆环，将地平和赤道两个坐标环独立地分开，即分解成一个赤道经纬仪和一个地平经纬仪。现存于南京紫金山天文台的明代简仪是元代仪器的复制品。

# 紫禁城

  北京紫禁城是中国明清两朝的皇宫，为世界现存最大且最完整的古代宫殿建筑群。紫禁城建成于明代永乐十八年（1420年），由泰宁侯陈珪主持修建，清代又进行了修缮与重建。

  紫禁城南北长961米、东西宽753米，共占地超过72万平方米，四周宫墙长约为3 400米，宫墙外围由护城河环绕，河宽52米。建筑面积约为15万平方米，内建9 000多间房屋。主要建筑呈左右对称，从午门至太和殿、乾清宫，再至神武门，自南向北依次沿中轴线分布，其他较小宫殿则布置于中轴线两侧。这一中轴线也是整个北京城的中轴线。午门为紫禁城正门，位于南宫墙的正中；北大门为神武门，东、西门分别为东华门和西华门。整个建筑群可分成南部的前朝以及北部的内廷两大部分。前朝为皇帝处理事务及举行大典之地，自南向北依次为太和、保和、中和三大殿以及处于两侧的文华、武英两殿；内廷为皇帝及嫔妃居住地，中心宫殿为乾清宫、交泰殿、坤宁宫，两侧为东西六宫等小型宫殿。宫内建筑的大小及样式均严格遵循等级制度。其中，太和殿面积最大，为中国现存木结构建筑中等级、规格最高的，内有6行共72根楠木，每根楠木均为整块巨木。紫禁城是建筑和土木工程的杰作，其宏大规模、细致布局、精巧雕饰等在世界范围内也属罕见。

故宫全景

▲ 天安门城楼

▲ 太和殿

▲ 故宫角楼

# 郑和航海

郑和航海是中国古代规模最大、航程最远,且所到地区最广的航海活动,也是世界航海史上的空前壮举。明代永乐三年(1405年)至宣德八年(1433年),中国航海家郑和率大规模船队,先后七次奉命远航西太平洋和印度洋,总航程10万余里。船队所达之地,远至东南亚、南亚、西亚、东非等地30余个国家和地区,包括越南、泰国、印度尼西亚、马来西亚、印度、马尔代夫、阿曼、伊朗、索马里等。船队每次远航的船只数量都过百,最大的宝船长44丈、宽18丈。第一次远航规模最大,大船数量为62艘,小船数量为200余艘,船队总人数达27 800余名。

郑和航海的船采用了水密舱壁、平衡舵、硬帆、减摇龙骨、磁罗盘、牵星术等先进技术,其中磁罗盘和牵星术用于精确导航。在第六次下西洋之后,郑和根据历次航海经历,绘制出整幅下西洋全图,这在世界地理学史及航海史上占有重要地位。郑和航海扩大了中国与众多国家的往来,提升了国家的影响力。

郑和下西洋路线示意图

郑和船队在西太平洋的航行主要借助磁罗盘指示航向和方位,在印度洋航行时利用阿拉伯人的牵星术进行天文导航。

郑和船队采用中国传统的风帆,这种风帆可利用侧向来风,通过人力调整帆角和舵角,将顶头逆风变成侧斜风,让船走"之"字路线,取得"船驶八面风"的效果。

▼ 牵星板的使用示意图

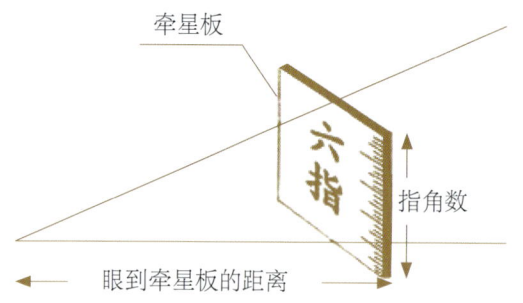

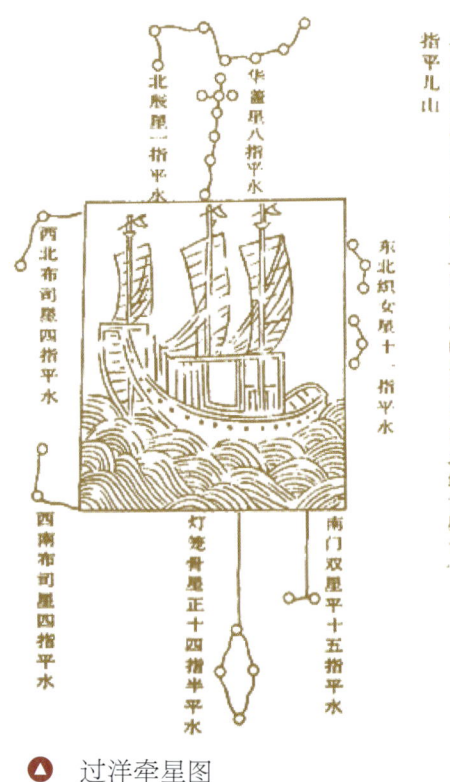

▲ 过洋牵星图

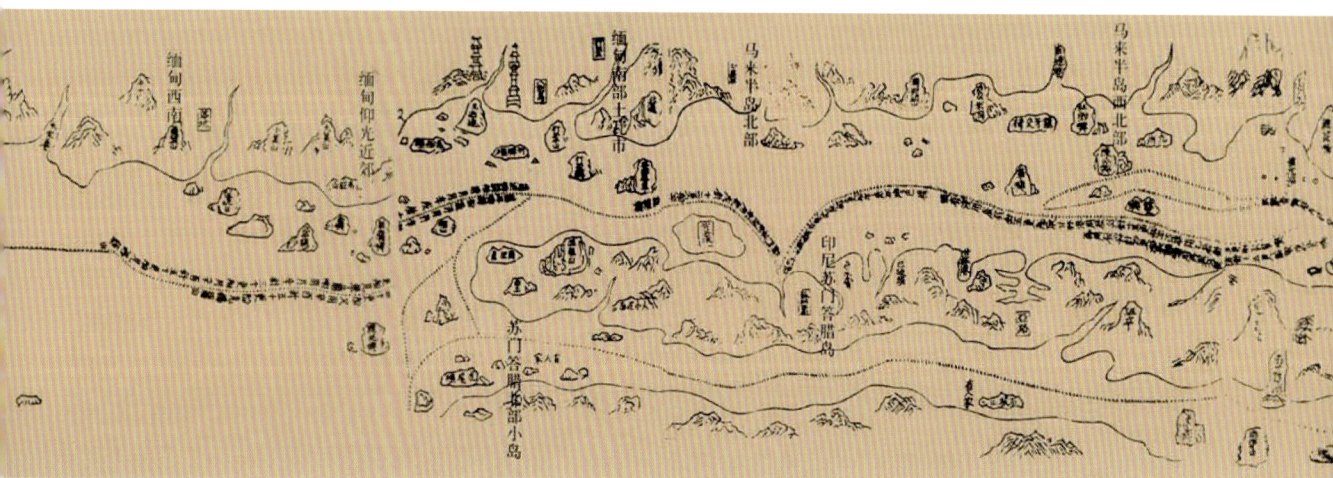

⏺ 郑和宝船布置示意图

⏺ 郑和航海路线图（局部）

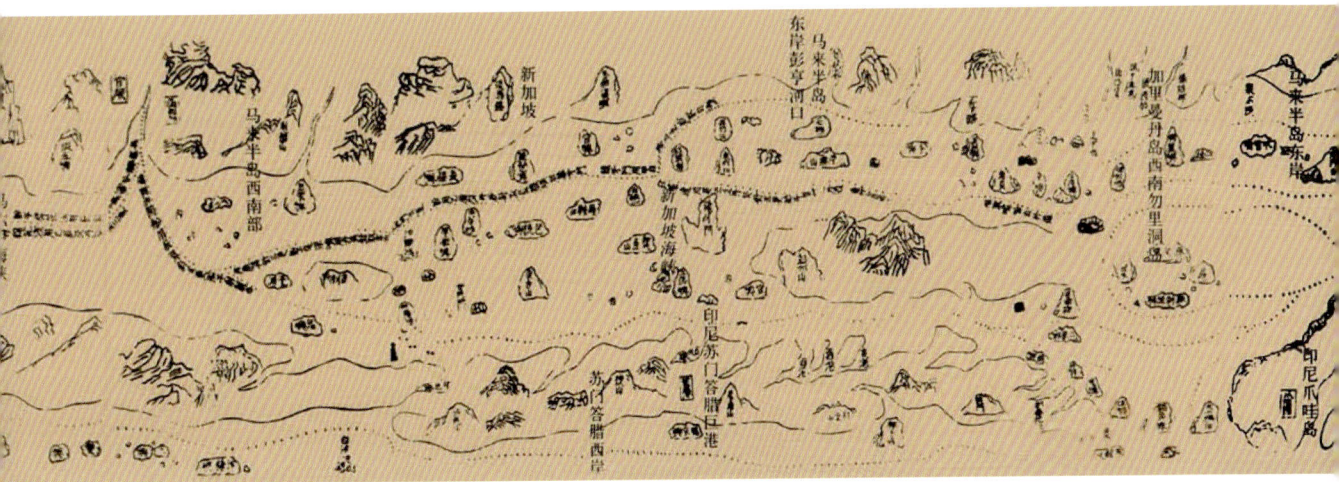

# 京张铁路

京张铁路是中国人自主勘测、设计、建造并负责运营的第一条铁路,由中国工程师詹天佑主持兴建,起于北京市丰台区,终至张家口,全长201.2千米。于1905年开始建设,1909年10月2日通车,起初运行速度为37千米/时。铁路沿线地势复杂、山峦叠嶂,建设难度极大。在南口至居庸关段,詹天佑设计了"人"字形路线,有效解决了列车爬坡困难的问题,同时将八达岭隧道的长度由1 800米缩短至1 091米。京张铁路通车运营后,其巨大的运载能力极大便利了铁路沿线的物流运转,如1912至1921年间,京绥线每年实现120万吨以上的货运量。京张铁路的成功建造表明,中国人擅于因地制宜地运用和发展新技术,并以自力更生和创新的精神,取得近现代工程创造的成就。

▼ 俯瞰长城脚下的京张铁路"人"字形折返线

▲ 京张铁路示意图

▼ 20世纪初的京张铁路居庸关隧道北口

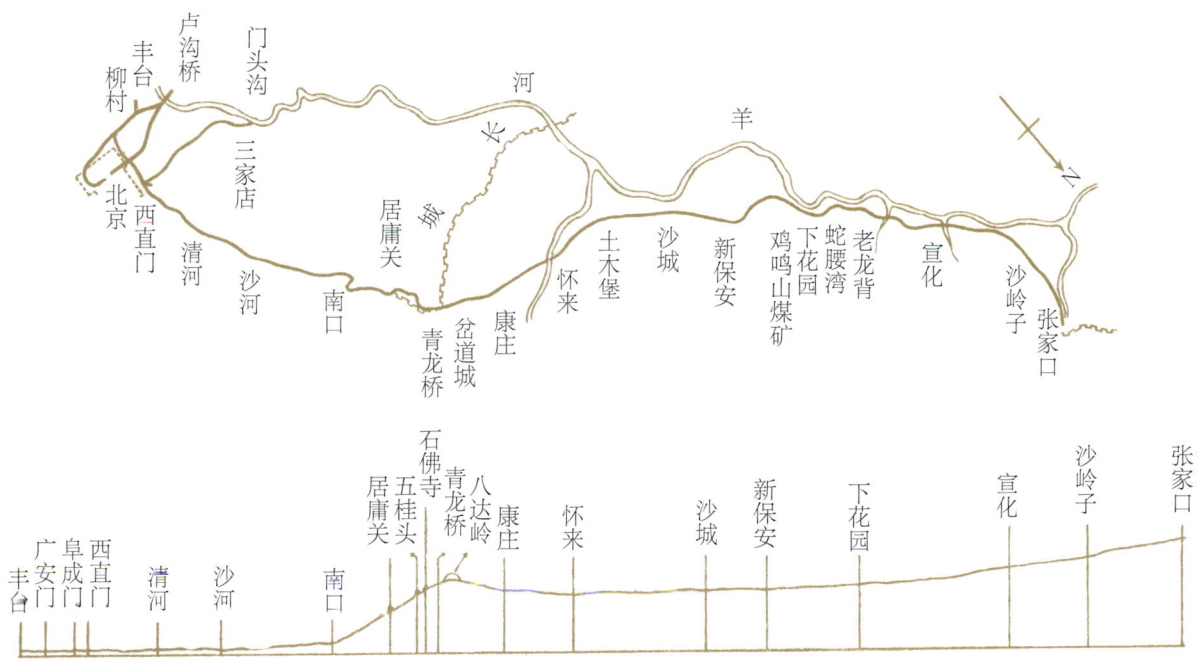

🔺 1909年，京张铁路通车后，青龙桥车站"人"字形线上下行火车同时开行的情景

长城为古代农业社会的典型工程，而铁路代表着近现代工业社会的工程。京张铁路与万里长城在居庸关交汇，这象征着工程和技术由古代向近代的转变，以及工业化和现代化的开启。2019年，京张高速铁路的建成象征着中国工程创造和现代化建设进入了一个崭新的阶段。

▶ 京张铁路与长城在居庸关交汇

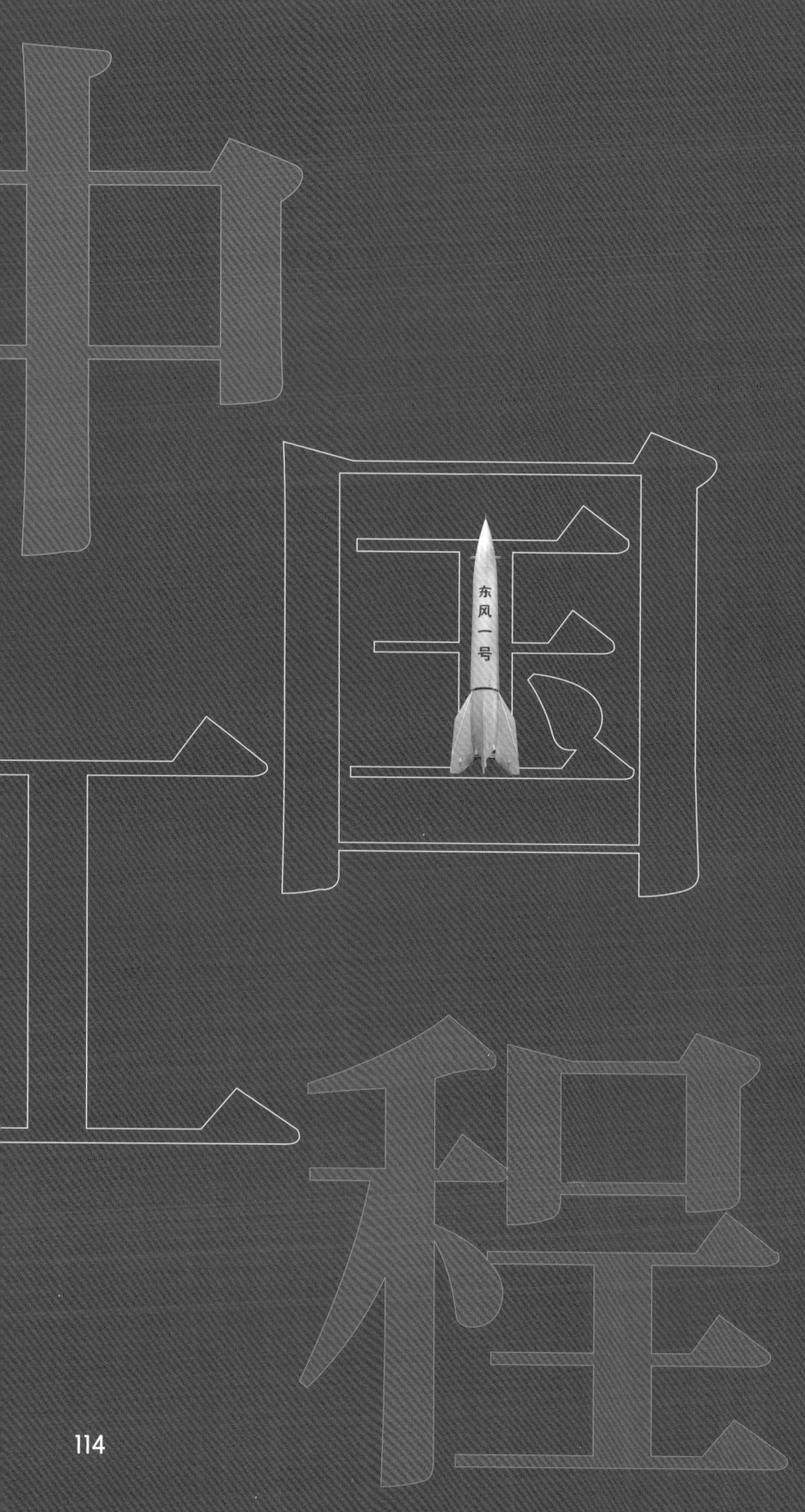

# "两弹一星"工程

"两弹一星"工程，是指中国组织研制导弹、核弹和人造卫星的大科学工程。中共中央在20世纪50年代作出研制原子弹、导弹和人造地球卫星的重大战略决策，并在1956年将原子弹和导弹研制列为《1956—1967年科学技术发展远景规划纲要》的主要任务。1960年7月，苏联单方面中止合作协定之后，中国靠自己的力量继续开展科研活动和技术攻关，实现了一系列重大科技突破：1960年11月5日，首枚近程"东风一号"导弹试射成功；1964年10月16日，第一颗原子弹爆炸成功，打破了核大国的核讹诈；1966年，首次完成原子弹、导弹两弹结合实验；1967年6月17日，第一颗氢弹爆炸试验成功，使中国核武器技术提升到一个新水平。中国在1958年启动人造地球卫星的研究，1970年4月24日用长征一号火箭成功发射"东方红一号"人造地球卫星。至此，中国成为世界上第五个拥有核武器和独立发射人造地球卫星的国家。

全国20多个部（院）、20多个省、1 000多家工厂以及科研机构和高等院校参与了"两弹一星"工程，形成了"集中力量办大事"的科研协作网，为组织实施大科学工程创造了成功经验。1999年，中共中央、国务院和中央军委授予于敏、孙家栋、周光召、钱学森、王淦昌、邓稼先、赵九章、钱三强、郭永怀等23位科学家"两弹一星功勋奖章"。

"两弹一星"工程为进一步发展航天、核能等科技奠定了坚实的基础，也带动了无线电、自动化、计算机和半导体等技术的突破。它的成功实施使中国形成了独立自主发展国防尖端科技的能力，有力维护了国家安全，为中国屹立于世界强国之林作出了不可磨灭的贡献。

中国是第五个拥有核潜艇的国家，第一艘核潜艇于1970年12月26日正式下水，1974年被命名为"长征一号"，并加入中国人民解放军海军战斗序列。中国在1985年开始建设秦山核电站，其主体工程位于浙江省海盐县。1994年4月该核电站正式投入商业应用，它的建设使中国成为世界上第7个拥有自行设计与建造核电站能力的国家。

▲ 在中国人民革命军事博物馆展出的"东风一号"地对地导弹

1964 年 10 月 16 日，中国第一颗原子弹爆炸成功

人民日报 号外

1964年10月16日

加强国防建设的重大成就，对保卫世界和平的重大贡献

# 我国第一颗原子弹爆炸成功

我国政府发表声明，郑重建议召开世界各国首脑会议，讨论全面禁止和彻底销毁核武器问题。

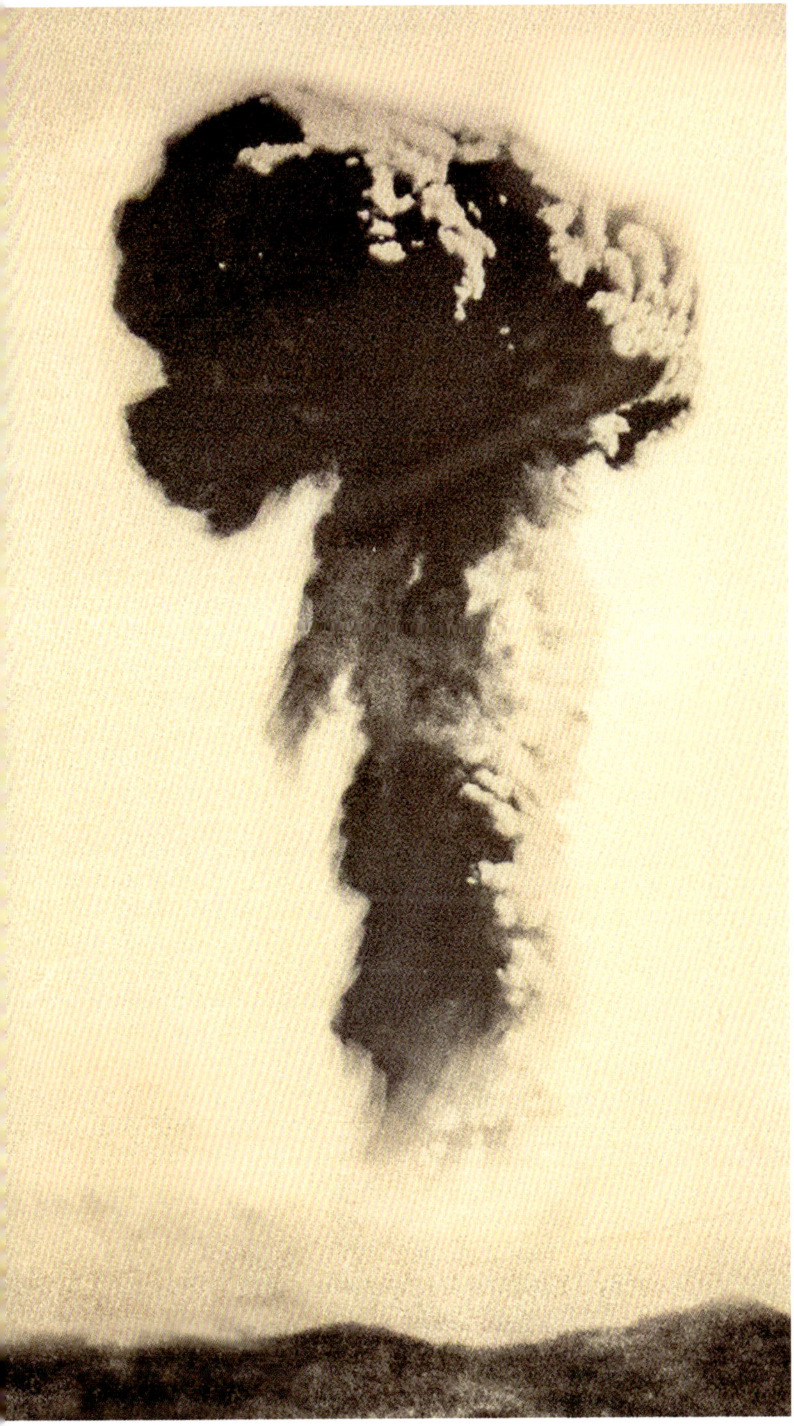

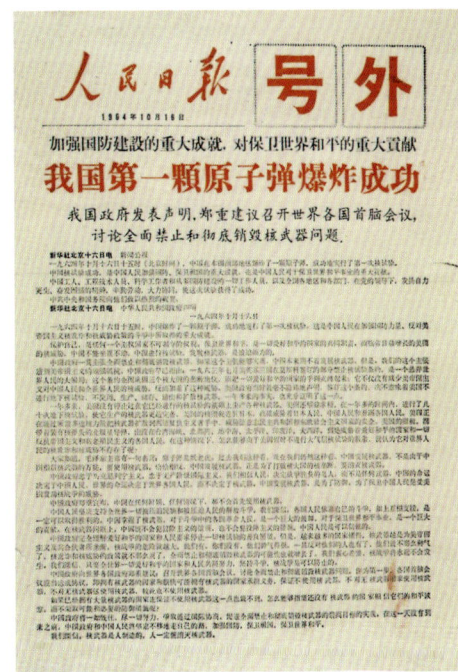

1964 年 10 月 16 日，《人民日报》号外：我国第一颗原子弹爆炸成功

中国第一颗原子弹采取塔爆

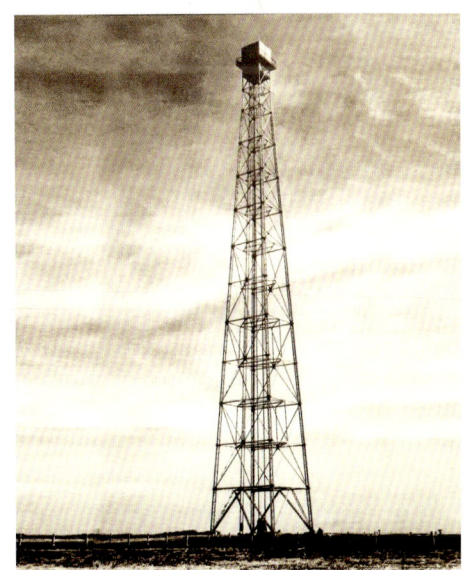

▶ 1967年6月17日，中国第一颗氢弹爆炸成功，这是中国核武器发展的又一个飞跃

🔺 中国第一颗人造地球卫星"东方红一号"

🔻 "东方红一号"发射成功后,人们高举旗帜到天安门广场欢呼庆祝

🔺 1974年"八一"建军节,中央军委将中国第一艘核潜艇命名为长征一号,正式编入海军战斗序列

🔺 1987年12月,中国自行设计制造的核潜艇首次远航训练,创造了中国海军潜艇水下航行时间最长、航程最远、平均航速最高的纪录

🔺 1988年9月,中国第一代弹道导弹核潜艇两次水下发射固体弹道导弹巨浪一号试验成功

▲ 坐落在浙江嘉兴的秦山核电站

# 大庆油田

　　大庆油田是 20 世纪中国发现和开发的最大油田，也是世界特大砂岩油田，位于黑龙江省西部，面积约为 6 000 平方千米，主要由 48 个油气田组成。1959 年，中国地质学家和石油勘探者在辽松盆地陆相沉积层发现具有工业价值的油田，油井出油时正值国庆十周年之际，油田遂被命名为"大庆"。大庆油田为大型背斜构造油田，油层属于中生代陆相白垩纪砂岩，深度 900~1 200 米。该油田于 1960 年开工建设，1963 年全面投入生产，年产量在 1976 年增加到 5 000 万吨。在此后半个多世纪里，大庆油田累计原油产量占中国同期陆上原油总产量的 40% 以上，且主要油田的采收率比国际同类油田高 10~15 个百分点，突破了 50%。

　　大庆油田的发现和开发使当时的中国甩掉了"贫油"帽子，实现了多年的石油自给自足，有力支撑了工业化和现代化建设。

▲ 大庆油田晨曦风光

▲ 大庆石油会战万人誓师大会（中国石油报供图）

▲ 1959年，大庆油田第一口油井试喷成功

🔺 大庆油田首车原油外运(中国石油报供图)

🔺 大庆第一口油井遗址

中国立程

# 上海万吨水压机

重型水压机是一种重要的工业基础装备，用于制造大型优质锻件，其主要产品与国防、冶金、电力、机械、航空、航天、船舶、化工等诸多行业的发展密切相关。上海万吨水压机是中国首台自行设计和制造的 12 000 吨自由锻造水压设备。直到 20 世纪中期，"万吨水压机"仍然是工业化国家核心装备制造能力的一个象征。1958 年，中共中央决定在上海建造万吨水压机，由沈鸿任总设计师。中国工程师和技师充分发挥江南造船厂和上海重型机器厂等几十家工厂的技术潜力，突破了一系列技术难题，于 1962 年 6 月制造出一台高 16.7 米、技术特色鲜明的万吨自由锻造水压机。这台水压机为国防、机械、冶金、电力等部门锻造了许多特大型锻件。

上海万吨水压机是世界上唯一以焊接结构为主的大型水压机。它的建成标志着中国重型机器制造业发展到一个新水平，使中国成为世界上少数能够制造这种装备的国家之一。

◀ 1961年，由上海江南造船厂和上海重型机器厂研制的中国第一台12 000吨自由锻造水压机装配完成

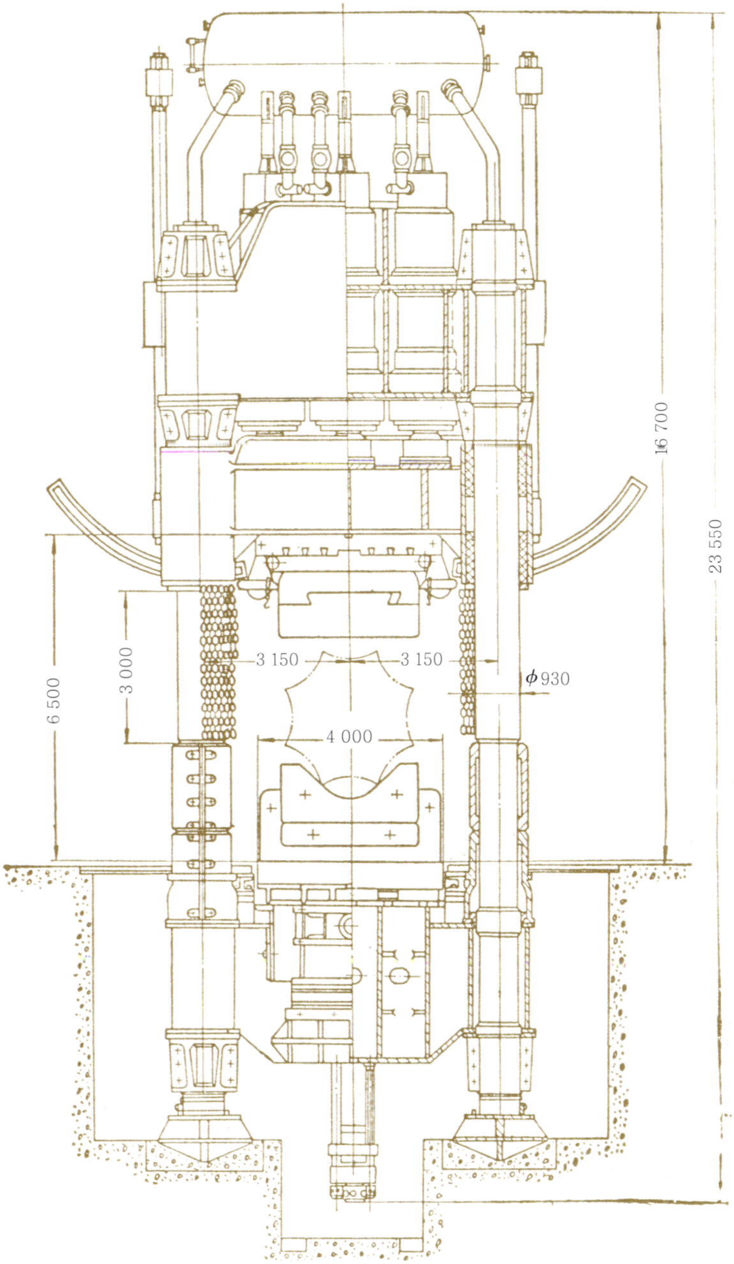

🔻 12 000吨自由锻造水压机结构图

受限于当时工业技术条件，上海制造万吨水压机无法按照世界通常作法，而采取电渣焊接技术和"蚂蚁啃骨头"加工技术做出全部大件。例如，以"分段拼焊"方法制造几根大立柱，用钢板焊出大横梁，用小机床加工大零件。通过有效技术集成和创新，终于研制出世界唯一的"全焊结构"万吨水压机。

▼ 焊接横梁

▲ 焊接立柱

▼ 加工立柱

# 中国工程

# 南京长江大桥

南京长江大桥位于江苏省南京市，于1968年12月建成通车，是长江上第一座由中国人自行设计建造的公路、铁路两用双层桥，是当时中国规模最大的桥梁工程。大桥跨越长江，连接津浦铁路与沪宁铁路。它的正桥长度为1 576米，有10个桥孔，与浦口岸距离最近的桥孔长128米，往后依次排列为3联3孔，每孔长为160米，桥墩数量为9个，每个桥墩高为80米。除正桥桥面外，还有铁路引桥和公路引桥。其中，铁路桥面总长6 772米，公路桥面总长4 588米。大桥采用双层桥面，下层为双线铁路桥面，上层为公路及人行道桥面，公路面宽度为15米、人行道宽2.25米。在桥梁建设过程中，中国自主研发出锰钢，用于正桥铆接主桁和铁路钢梁。

南京长江大桥是中国自力更生建设大型桥梁的一项重大成就，其建成通车对经济社会发展有重要的战略意义。

长江是中国第一大河，其干流流经青海、西藏、四川、云南、重庆、湖北、湖南、江西、安徽、江苏、上海共11个省、自治区和直辖市。长江天堑自古代就是难以逾越的天然障碍，在近代又是南北铁路发展的断点，火车过江不得不分节依靠船舶摆渡。1957年武汉长江大桥建成通车，从此南北"天堑变通途"。1968年南京长江大桥建成通车，标志着中国具备了自主设计和建造大型公铁两用跨江桥梁的工程能力。

▼ 1968年12月29日，江苏省南京市，热烈庆祝南京长江大桥全线胜利通车典礼会场

▼ 南京长江大桥宣传画

▲ 南京长江大桥全貌

# 中国工程

# 东风号万吨远洋货船

东风号万吨远洋货船是中国第一艘自行设计建造的万吨级远洋货轮,由上海江南造船厂制造。1959年正式开工建造,于1965年4月15日下水交付使用。船长161.4米、宽20.2米,排水量约1.71万吨,所用的材料、主机和配套设备等均为国产,是全国不同单位协同攻关的结果。主机为中国自行设计制造的第一台重型低速柴油机,功率8 820匹。东风号开创了中国独立自主建造万吨级船舶的先河,提升了大型船舶及其配套机器设备的设计与制造技术水平,为国家进一步研发万吨以上大型船舶奠定了基础。

▶ 1965年4月15日，中国自行设计和建造的第一艘万吨级远洋货轮——东风号下水［江南造船（集团）有限责任公司供图］

▼ 东风号船台分段搭载

东风号主机

# 青蒿素

　　青蒿素又称黄花蒿素，从黄花蒿的叶子中提取，是一种新型倍半萜内酯，为中国科学家首先发现的新化学结构和新作用机制的抗疟药。1967年，国家科委和总后勤部开始组织力量研发抗疟药物。1971—1972年，中医研究院中药研究所的屠呦呦研究组用乙醚从青蒿中提取到抗疟有效单体（即青蒿素）。1972—1973年，云南省药物研究所、山东省中医药研究所等机构又从黄花蒿叶片中提取到黄蒿素、黄花蒿素，以上提取物在1978年被统一命名为青蒿素。基于青蒿素的结构测定、构效关系等研究，科研人员研制出各类青蒿素抗疟药物，如双氢青蒿素、蒿甲醚、青蒿琥酯。1987年，中国批准蒿甲醚和青蒿琥酯及其注射制剂上市销售，1992年又批准双氢青蒿素片剂和蒿甲醚复方片剂上市。

　　青蒿素类抗疟药物挽救了数百万人的生命，为保障世界人民的健康与生命安全作出了突出贡献。2015年，屠呦呦因发现青蒿素而荣获诺贝尔生理学或医学奖。

△ 青蒿素分子绝对构型

▼ 含有青蒿素的黄花蒿

▲ 1972年3月8日，屠呦呦在南京会议上报告青蒿乙醚提取物对鼠疟、猴疟抑制率达100%的结果

▲ 1977年，青蒿素结构研究协作组发表的论文

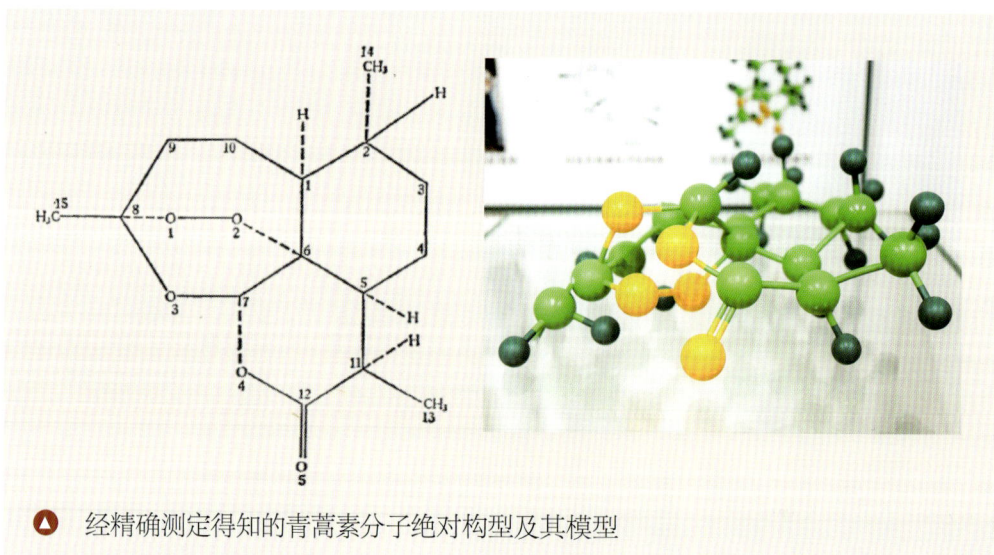

▲ 经精确测定得知的青蒿素分子绝对构型及其模型

▲ 2017年，屠呦呦荣获国家最高科学技术奖

▲ 屠呦呦获得的诺贝尔生理学或医学奖证书

▲ 国家卫生部颁发的青蒿素新药证书

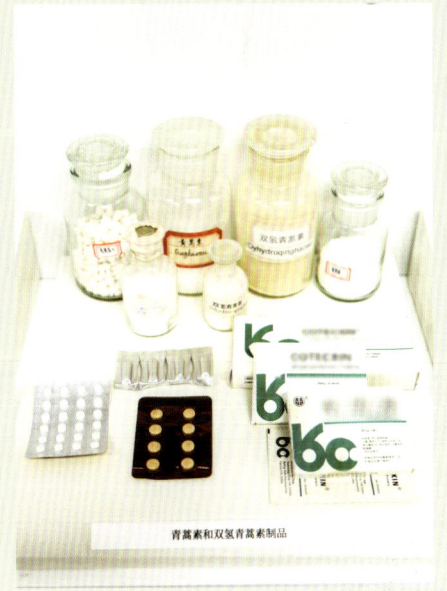

▲ 青蒿素和双氢青蒿素制品

# 北京正负电子对撞机

北京正负电子对撞机（BEPC）是中国第一台高能加速器。1983年12月，中共中央决定将北京正负电子对撞机列为国家重点建设项目，这项工程于1984年10月在中国科学院高能物理研究所开工兴建。北京正负电子对撞机在1988年10月16日首次对撞成功，成为当时世界上唯一能够在τ轻子和粲粒子产生阈附近对τ-粲物理进行研究的实验装置。科学家们利用北京正负电子对撞机取得了一系列重要研究成果，如精确测量τ轻子质量和2-5 GeV能区正负电子湮灭产生强子反应截面（R值），发现"质子-反质子"质量阈值增长结构X（1860）和X（1835）等新粒子。中国科学家还提出了重大改造（BEPCII）方案，采用双环、大交叉角对撞等技术，于2004年对北京正负电子对撞机进行升级，使对撞亮度提高100倍，继续保持在τ-粲物理领域的国际领先地位，取得了"四夸克态物质"Zc（3900）的发现等一大批成果。

北京正负电子对撞机的成功建造显著提升了中国在世界高能物理研究领域的地位，促成了一大批原创性基础研究成果，同时促进了中国在加速器技术、探测器与电子学技术、计算机与网络技术、辐照加速器、工业CT、医用加速器等领域的技术进步以及相关高技术产业的发展。

▼ 北京正负电子对撞机国家实验室由注入器、储存环、探测器（北京谱仪）、计算中心和同步辐射装置及其他辅助设施组成

正、负电子在高真空管道内被加速到接近光速，并在指定地点对撞。通过北京谱仪（大型磁谱仪），科学家观测并记录对撞后产生的各种次级粒子的能动量、质量、飞行时间、空间位置等参数，以定量重建整个反应过程，并进一步研究基本粒子结构及其相互作用规律。

◀ 输运线的正、负电子分岔处

▲ 北京谱仪

▲ 北京正负电子对撞机模型

▲ 改造后的同步辐射12号实验大厅（拍摄于2007年）

# 中国天眼

500米口径球面射电望远镜（FAST），被誉为"中国天眼"，2011年动工兴建，2016年落成。它是具有中国自主知识产权、世界最大单口径、最灵敏的射电望远镜。它的建成使得中国建造的射电望远镜首次在主要性能指标上占据世界制高点，中国天文学家也因此有机会走到人类视界的最前沿。

截至2024年1月，天文学家借助FAST已发现900余颗脉冲星（是同期世界上其他所有望远镜发现脉冲星总数3倍以上），并在脉冲星发现、快速射电暴起源、星系形成及演化等领域产生了一批具有国际影响力的科学成果，向全球天文界充分展示了中国天眼的灵敏度性能和在中低频的探索能力，极大拓展了人类观察宇宙视野的极限。

▼ FAST 全貌

▲ 馈源舱是天眼接收和回传信号的核心部件，它可自如改变角度和位置，聚焦由反射面捕捉到的宇宙信号

馈源舱中安装的接收机起着接收反射面汇聚的无线电波信号的关键作用，其轻巧的设计巧妙地降低了馈源支撑结构对望远镜的遮挡，保证了 FAST 超高灵敏度的实现。馈源舱的控制精度直接决定了望远镜的指向精度，其支撑系统的设计为世界首创，开创了射电望远镜悬挂馈源设备的先例。

▲ 基于 FAST 给出纳赫兹引力波存在的证据

# 三峡工程

中国是世界水利工程大国和强国，建设了葛洲坝工程和三峡工程等超大水利工程。三峡工程是世界上规模最大、综合效益最高的水利枢纽工程，位于湖北宜昌夷陵区三斗坪镇。1994年开始兴建，2009年全部完工，其最后一台水电机组于2012年投产。这座混凝土重力坝长2 335米，高程185米，正常蓄水位175米，总库容393亿立方米，最大下泄流量可达10万立方米/秒。水电站装有32台单机容量均为70万千瓦的发电机组，总装机容量达2 250万千瓦，年发电量超1 000亿千瓦时。

三峡工程的兴建在供应电力、改善长江中下游防洪形势等方面发挥了巨大作用，产生了显著的社会效益和经济效益，同时展现出中国建设特大型水利工程的雄厚技术实力，为中国工程界赢得了世界声誉。

▼ 三峡大坝全貌

三峡工程包括枢纽、输变电、移民三大工程。三峡电站供电范围涉及华中、华东、川渝、南方等电网，覆盖湖北、湖南、河南、江西、安徽、江苏、浙江、四川、广东、重庆、上海等省市。该工程淹没陆域面积632平方千米，移民搬迁人口超过120万，大量基础设施实现全部或部分搬迁重建。

▶ 轮船正在通过三峡大坝双线五级船闸水道

▲ 三峡电站输电设施

▲ 三峡电站机组大厅

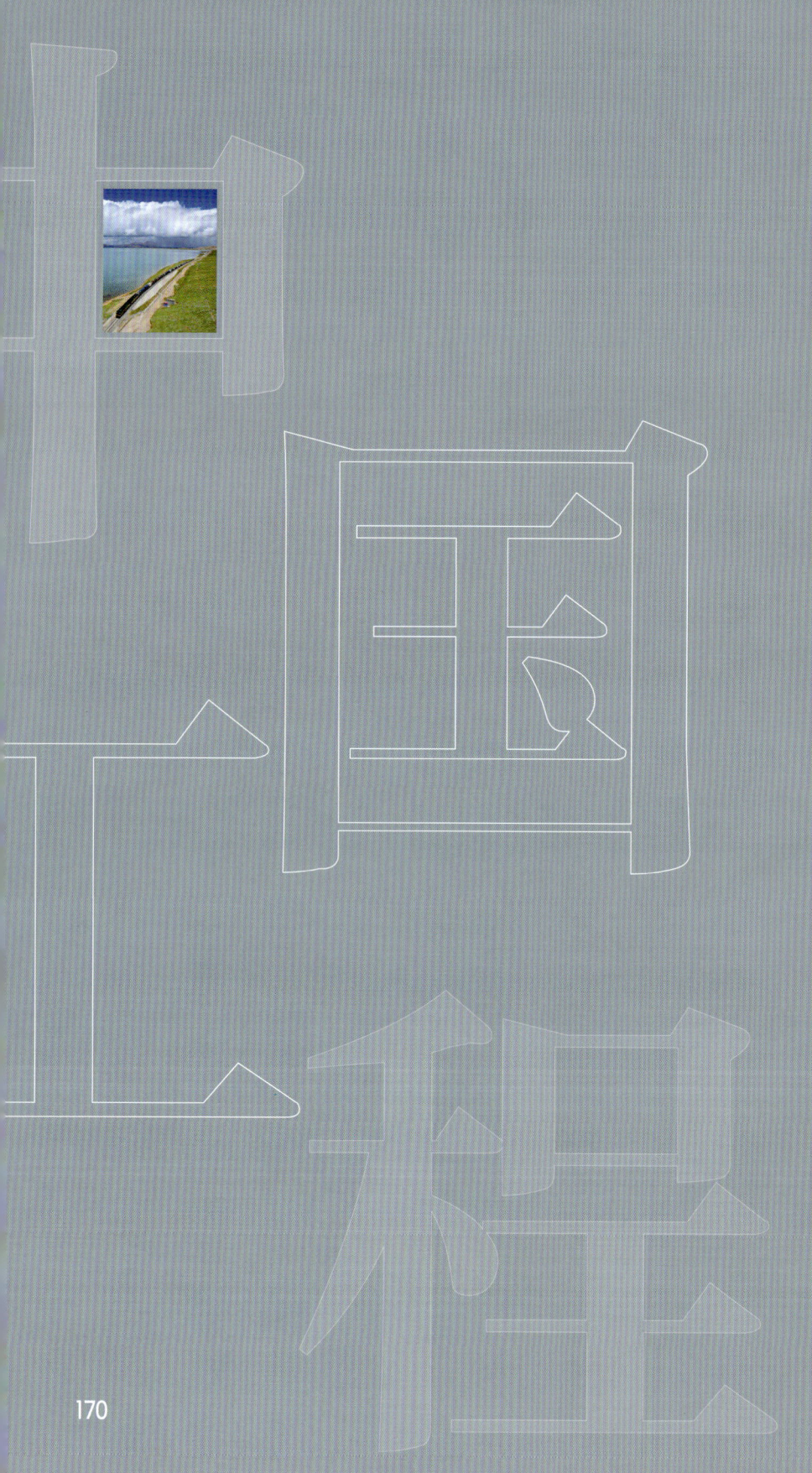

# 青藏铁路

青藏铁路连接西宁市和拉萨市,全长 1 956 千米,是世界上海拔最高且高原线路最长的冻土铁路。西宁—格尔木段途经湟水峡谷、青海湖畔、关角隧道及柴达木盆地,平均海拔 3 000 米以上,于 1958 年 9 月开工建设,1984 年 5 月通车。格尔木—拉萨段途经昆仑山、唐古拉山等山脉,以及长江、扎加藏布江、怒江、雅鲁藏布江等水系,全长 1 142 千米,其中海拔 4 000 米以上路段长约 960 千米,冻土区长度为 632 千米,于 2001 年 6 月开工建设,2006 年 7 月建成通车。

青藏铁路是极具挑战性的工程。科技专家和铁路建设者们克服了一系列技术难题,解决了冻土路段的路基稳定性问题;构建全路段的完备卫生保障体系,实施高原植被恢复与改造、景观保护、野生动物迁徙通道等工程;研发 GSM-R 数字移动通信系统。青藏铁路结束了西藏自治区不通铁路的历史,对于推动青藏经济社会发展以及国防建设都有重要意义。

▼ 重庆西至拉萨的列车飞驰在青海湖畔,驶向雪域高原

▲ 青藏铁路风火山隧道，全长1 338米，平均海拔约4 900米，全部位于永久性冻土层

▼ 火车通过拉萨河特大桥。这座大桥是青藏铁路和拉萨市的标志性工程

▲ 可可西里的藏野驴。青藏铁路穿越可可西里、羌塘等国家级自然保护区,沿线设置了多处野生动物通道,便于它们自由迁徙

青藏铁路工程建设面临三大世界性难题——多年冻土、高寒缺氧、生态脆弱。基于多年冻土研究、医学研究和环保研究，建设者确立了"主动降温、冷却地基、保护冻土"的设计方案，采取了完整的冻土工程措施，优化了冻土施工工艺，实现列车在冻土区100千米/时的运行速度，满足了客货运输需要。

▼ 通过青海格尔木冻土路段的铁路采用低温热棒。热棒为高效单向导热装置，是青藏铁路运营中解决冻土问题的一项有效措施

除了热棒之外,还有修筑片石通风路基、建高架桥等解决冻土降温问题的重要措施

高架桥让铁路与冻土隔离,使其跨过含冰量冻土区和冻土湿地区域,如沱沱河大桥

中国工程

# 上海南浦大桥

上海南浦大桥是中国自主设计、建造的大型斜拉索桥，为上海市第一座跨越黄浦江的大桥，同时也是中国第一座大跨度、组合梁式斜拉桥。1991年6月全线贯通，连接浦西市区与浦东新区，全长8 346米，主桥全长846米，含浦西、浦东两个引桥。大桥一跨过江，跨径达423米，为当时全国之最，仅次于加拿大的阿纳西斯桥。大桥建有两座高154米的桥塔，桥塔两侧各设有22对与主梁连接的钢拉索。桥通航净高为46米，桥面宽度为30.35米。

南浦大桥设计独特，是中国首次采用组合梁结构，即钢梁与预制钢筋混凝土相叠合。这座桥的成功兴建为中国大跨度斜拉索的后续发展贮备了技术和经验。苏通长江公路大桥于2008年建成通车，其主跨增加到1 088米，成为当时世界跨径最大的斜拉桥。截至2024年5月，世界跨度前十名的斜拉桥中，有七座建在中国。

南浦大桥与城市风光

夜幕下的南浦大桥

# 高速公路

  高速公路是指年均小客车昼夜交通量达 25 000 辆以上，路面宽度超过 4 个车道，专供汽车分向、分道高速行驶的全封闭公路。中国大陆的首条高速公路为沪嘉高速公路，于 1988 年 10 月通车。2013 年发布的《国家公路网规划》将高速公路网发展框架扩展为 7 条首都放射线、11 条南北纵线和 8 条东西横线。截至 2023 年底，中国高速公路总里程已增至 18.36 万千米，位居世界首位。

  高速公路建设显著带动了桥梁与隧道建造技术的迅速提高，成就了众多世界级工程。在已经建成的桥梁中，沪苏通长江公铁大桥是世界上最长的公路、铁路两用斜拉桥，也是首座 4 线铁路、6 车道公路斜拉桥。它创用了世界上最大规模的沉井基础，即最大的横截面积和最大的下沉深度。在隧道方面，包头—茂名高速公路的秦岭终南山公路隧道创造了当时的多项世界纪录，如是最长的双洞高速公路隧道，包含世界上最大口径及最深深度的竖井通风工程。

  目前，中国已成为高速公路建设大国，其高速公路网覆盖了 10 亿多人口和全国 GDP 区域的 85% 以上，有力推动了各地区经济社会的大发展。

▲ 连霍高速公路

中国高速公路网布局方案图

沪嘉高速公路

　　高速公路联通全国范围内的城市，并与铁路或其他公路或水运航路相交，具有国家战略意义。高速公路对于分散过于集中的城市人口，发展经济、解决劳动就业、繁荣旅游、开拓边疆地区和巩固国防等都具有巨大作用。

▲ 京台高速公路福建平潭海峡公铁两用大桥

中国工程

# 高速铁路

　　高速铁路是指设计运行速度超过 250 千米/时,且初期运营速度在 200 千米/时以上的客运列车专线网络。2003 年 10 月,中国第一条高速国铁线路——秦沈客运专线通车运营,其设计时速为 250 千米。2008 年 8 月,中国第一条拥有完全自主知识产权,最高运行时速达 350 千米的高速铁路——京津城际铁路开通。2012 年 12 月,京广高速铁路全线开通,运营里程 2 298 千米,成为世界运营里程最长的高速铁路线路。2019 年底,中国已在 212 个地级行政单元实现高速铁路站点布局,且在珠三角、长三角、环渤海地区形成密集高铁网。截至 2024 年 9 月,中国高铁运营里程超 4.6 万千米,超过世界高速铁路总运营里程的三分之二。

　　中国高速列车设计与制造技术达到国际先进水平,拥有动车组研发、列车控制、供电、铁路调度等方面的核心技术专利,生产出"复兴号"与"和谐号"高速列车组。总之,中国高速铁路显著地促进了经济社会发展。

▲ 秦沈客运专线

中国高铁发展表现为由北向南、由东向西、由核心—核心到网络化的扩展态势。东中部地区网络密度明显高于西部地区，全国形成以北京、上海、南京、广州、武汉、重庆、郑州等为主要枢纽的高铁客运布局。高铁极大缩短了旅行时间，不断重塑城市网络结构和经济结构。

中国中长期高速铁路网规划示意图

▲ 贵阳高铁"五洞五桥"的壮观景象

▲ 京广高铁衡阳段

江苏南京，高速铁路、高速公路纵横交错

中国工程

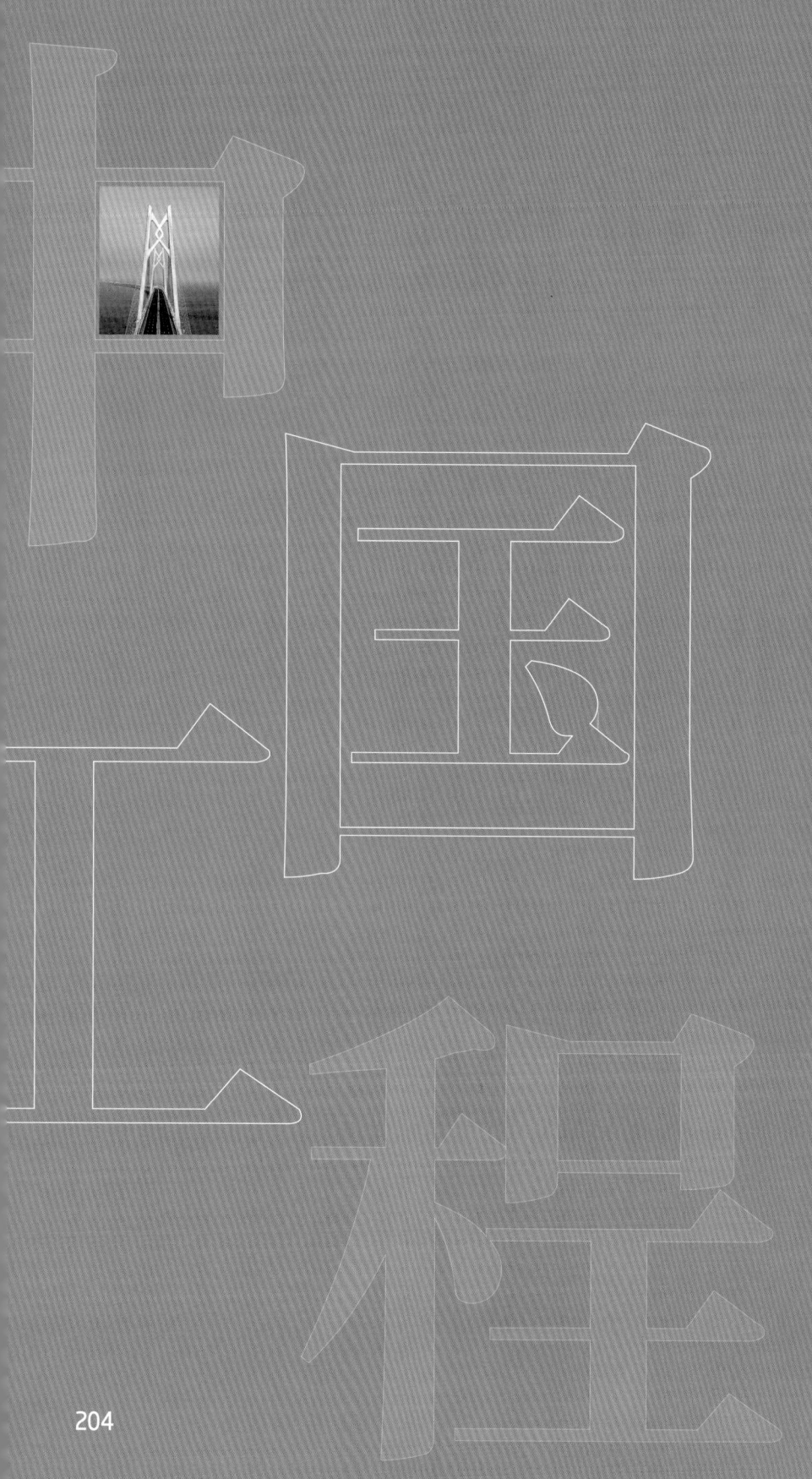

# 港珠澳大桥

跨海桥不同于内陆江河桥，须面对更加复杂多变的水文、地质和气象条件，其建造和运营维护的难度更高。跨海桥长度通常在几千米以上，具有通航桥孔跨度大、净空高、基础深等特点，对结构安全、材料耐久性等要求很高。中国已经建成东海大桥、杭州湾大桥、港珠澳大桥等跨海大桥。

港珠澳大桥连接广东、香港、澳门三地，是目前世界上最长的跨海大桥，也是中国交通建设史上投资最多、施工难度最大，且里程最长的跨海通道工程。港珠澳大桥于2009年12月开工建设，2018年10月正式通车。

大桥东起香港口岸人工岛，跨越南海伶仃洋水域，然后呈丫字形分叉，一端连接珠海，另一端连接澳门人工岛，并最终止于珠海洪湾。大桥全长55千米，桥宽33.1米，桥墩224座，桥面为双向六车道，设计时速100千米，设计使用寿命120年。大桥主体工程采用桥、隧、岛组合方案，长度为29.6千米，包括长22.9千米的海中桥梁段和长6.7千米的海底隧道，隧道两端各设置一个人工岛。港珠澳大桥海底隧道既是中国首条外海沉管隧道，又是世界上距离最长的公路沉管隧道。沉管隧道由33节巨型沉管及1个合拢段接头构成，最大沉放水深44米。在大桥建设过程中，科技工作者攻克了多项世界级技术难题，显著提升了中国的桥梁设计与建造技术水平。

▼ 港珠澳大桥

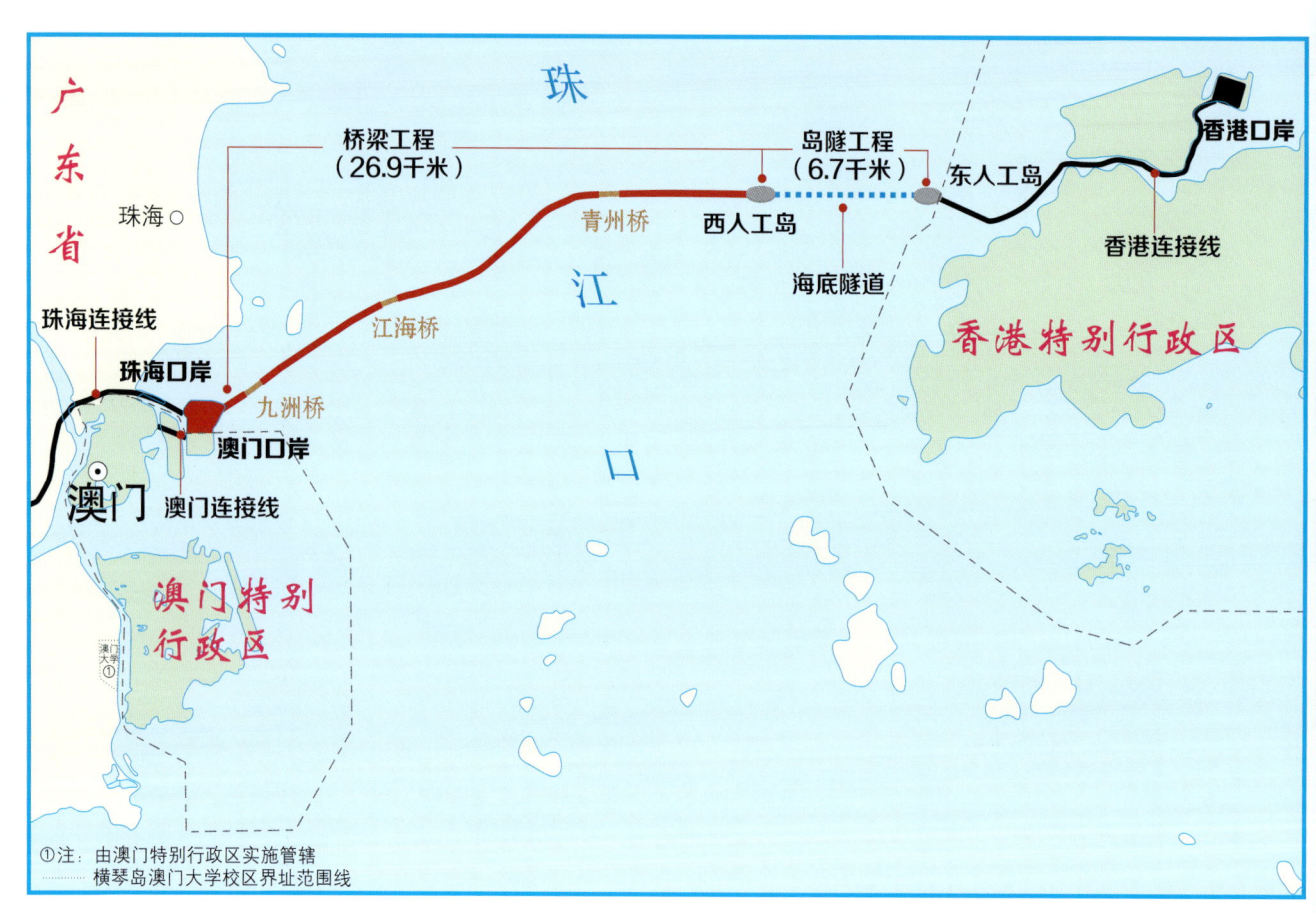

● 港珠澳大桥线路示意图

港珠澳大桥的"中国结"斜拉索塔

中国工程

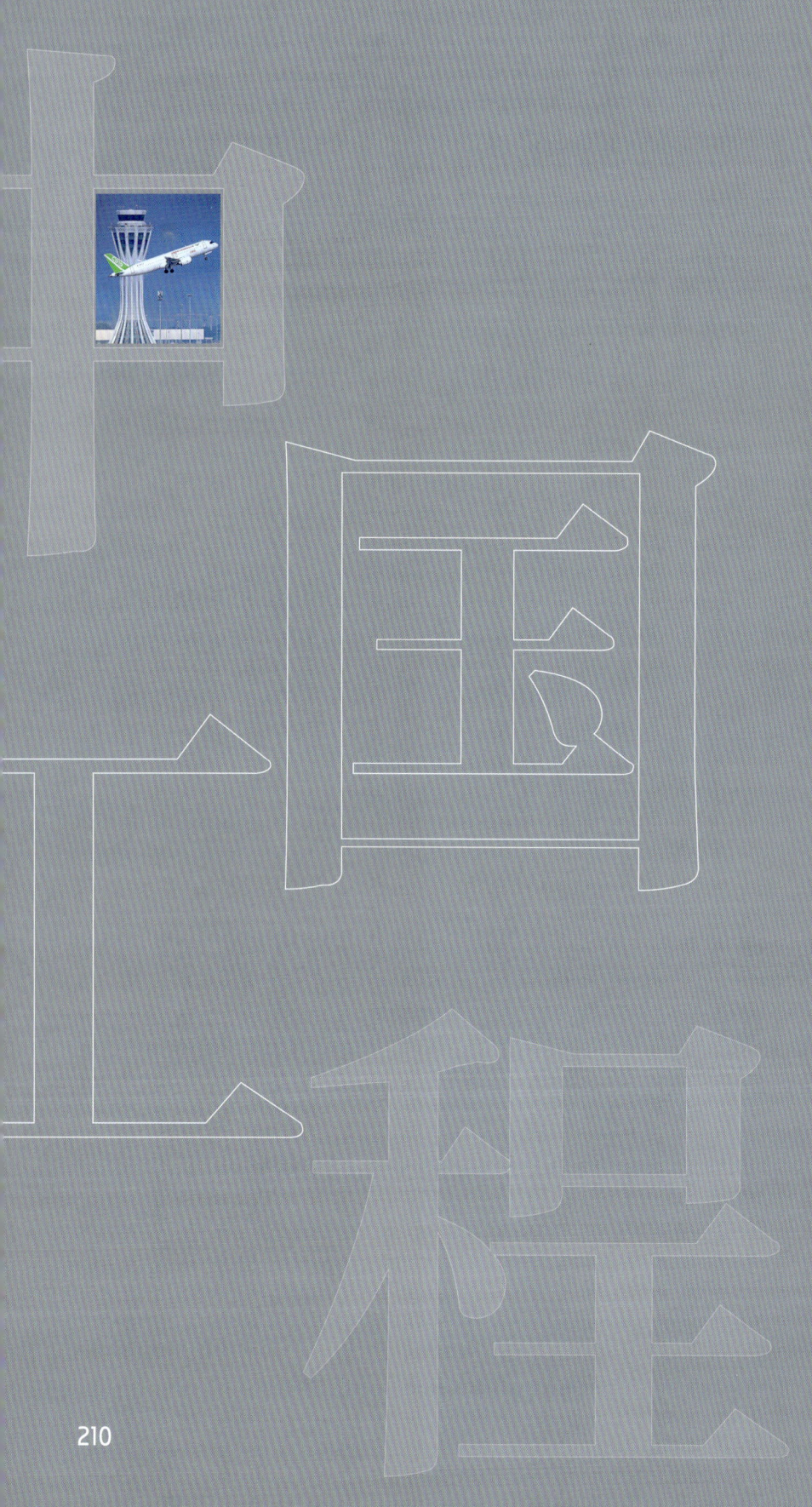

# 北京大兴国际机场

北京大兴国际机场是目前世界上规模最大的一体化综合性航空交通枢纽，2014年12月开工建设，2019年竣工并正式投入运营。它拥有世界最大的单体航站楼，设79个登机口，面积达78万平方米。航站楼采用先进的结构体系，其巨大的屋顶被设计成一个自由曲面，为世界上跨度最大的钢结构体系，最大跨度180米。机场设有四条主跑道，其中东一、北一、西一跑道宽60米，长度分别为3 400米、3 800米、3 800米。航空货站面积33.5万平方米，年处理能力超过200万吨。2023年10月11日，机场年旅客吞吐量首次突破3 000万人次。

该机场创造了多项"世界第一"，如建有全球第一座双层出发双层到达的航站楼，全球首座可实现高铁地下穿行的机场航站楼。大兴机场显著减轻了首都国际机场的航空运输压力，进一步满足京津冀地区航空运输新需求，对于促进京津冀的协同发展、打造以首都为核心的世界级城市群具有重大意义。同时，大兴机场也强化了北京与全球各地的经济、文化交流。

▼ 鸟瞰大兴国际机场

▲ 一架 C919 从大兴国际机场起飞

▽ 繁忙的大兴国际机场

▲ 机场候机大厅。航站楼核心区的屋面网架采用不规则的自由曲面结构,该结构是目前世界最大机场钢屋盖,其投影面积达 18 万平方米

🔻 大兴国际机场航站楼内部。航站楼采取屋顶自然采光和自然通风设计，实施照明、空调分时控制，并采取节能技术和现代信息技术

中国工程

# 载人航天工程

1992年9月，中国载人航天工程正式立项，并确立了"三步走"发展战略。第一步，发射载人飞船，建成试验性载人飞船工程，开展空间应用实验；第二步，突破航天员出舱活动技术、飞行器交会对接技术，发射空间实验室；第三步，建造空间站，解决有较大规模的、长期有人照料的空间应用问题。

2003年10月15日，神舟五号载人飞船成功发射，把中国第一位航天员杨利伟送入太空，实现了中华民族的飞天梦想，突破和掌握了载人天地往返技术，使中国成为第三个独立开展载人航天活动的国家，完成了第一步任务。2016年9月15日发射的天宫二号是中国第一个真正意义上的空间实验室，它与神舟十一号、天舟一号的对接标志着载人航天工程第二步任务目标全部完成。

天宫空间站是中国首个分次发射、在轨组装建造的大型复杂航天器，被定位为国家级太空实验室和国际科技合作交流平台，基本构型为三舱"T"字构型，分别为天和核心舱、问天实验舱和梦天实验舱，未来将根据需要进行舱段扩展。天宫空间站重点突破了空间机械臂、高效电源系统、物化再生生保、在轨推进剂补加等关键技术。2022年底，随着中国空间站全面建成，载人航天工程完成了"三步走"发展战略目标。

载人航天工程是中国航天发展史上一个新的里程碑，它对于提升科技创新能力、增强综合国力和国防实力都具有重大战略意义。

▶ 神舟五号载人飞船将中国首位航天员送入太空

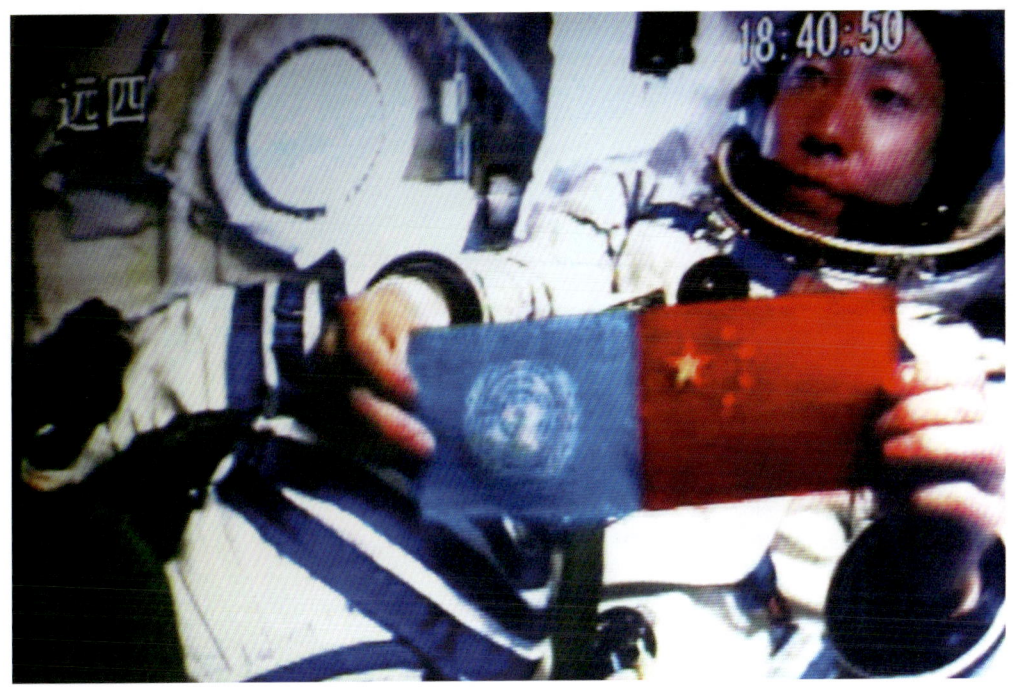

▲ 2003年10月15日18时40分,中国第一位航天员杨利伟在舱内展示中国国旗和联合国旗帜

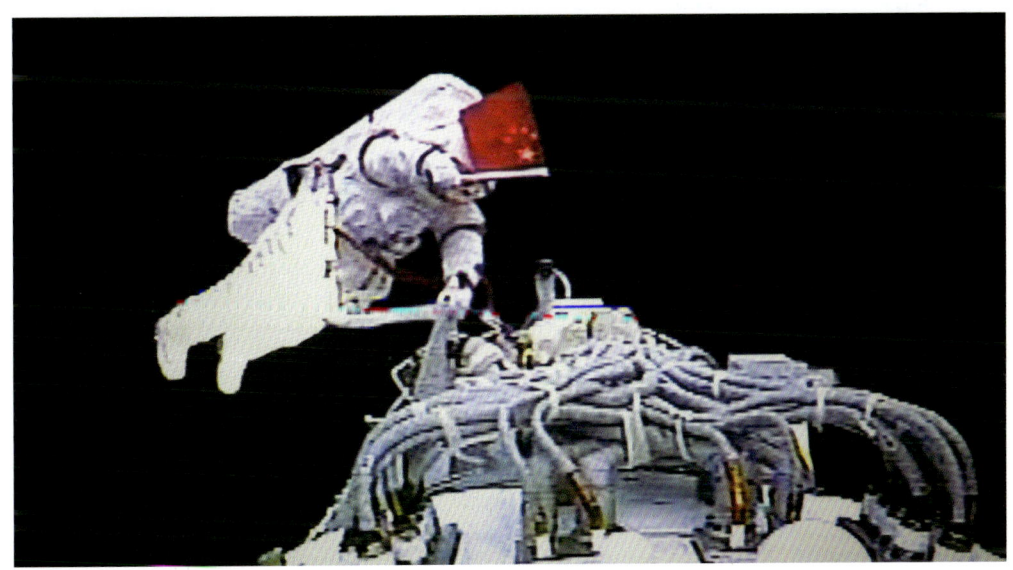

▲ 2008年9月27日,神舟七号航天员翟志刚圆满完成中国首次空间出舱任务

● 2021年9月17日,神舟十二号载人飞船返回舱在东风着陆场成功着陆,执行飞行任务的航天员安全顺利出舱

● 2022年9月1日,神舟十四号航天员陈冬、刘洋出舱(中国载人航天工程办公室供图)

⬤ 2022年11月30日7时33分，神舟十四号航天员乘组打开"家门"，欢迎神舟十五号航天员乘组入驻"天宫"

中国空间站阶段的主要任务是建成和运营近地载人空间站，掌握近地空间长期载人飞行技术，形成长期进行近地空间有人参与科学实验、技术试验和综合开发利用太空资源能力。通过实施长征五号B运载火箭首飞以及天和核心舱、问天实验舱、梦天实验舱、载人飞船和货运飞船等多次飞行任务，中国空间站建设进入应用和发展阶段。

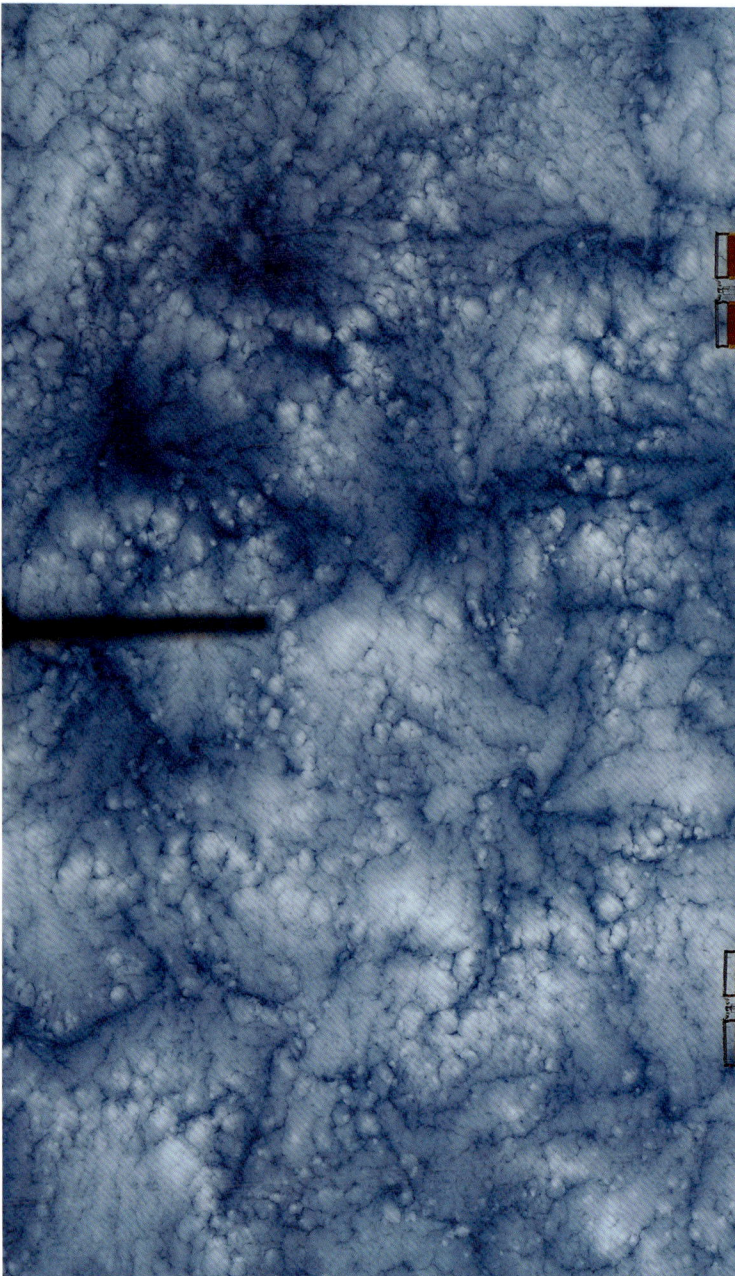

▶ 从神舟十六号看中国空间站
（中国载人航天工程办公室供图）

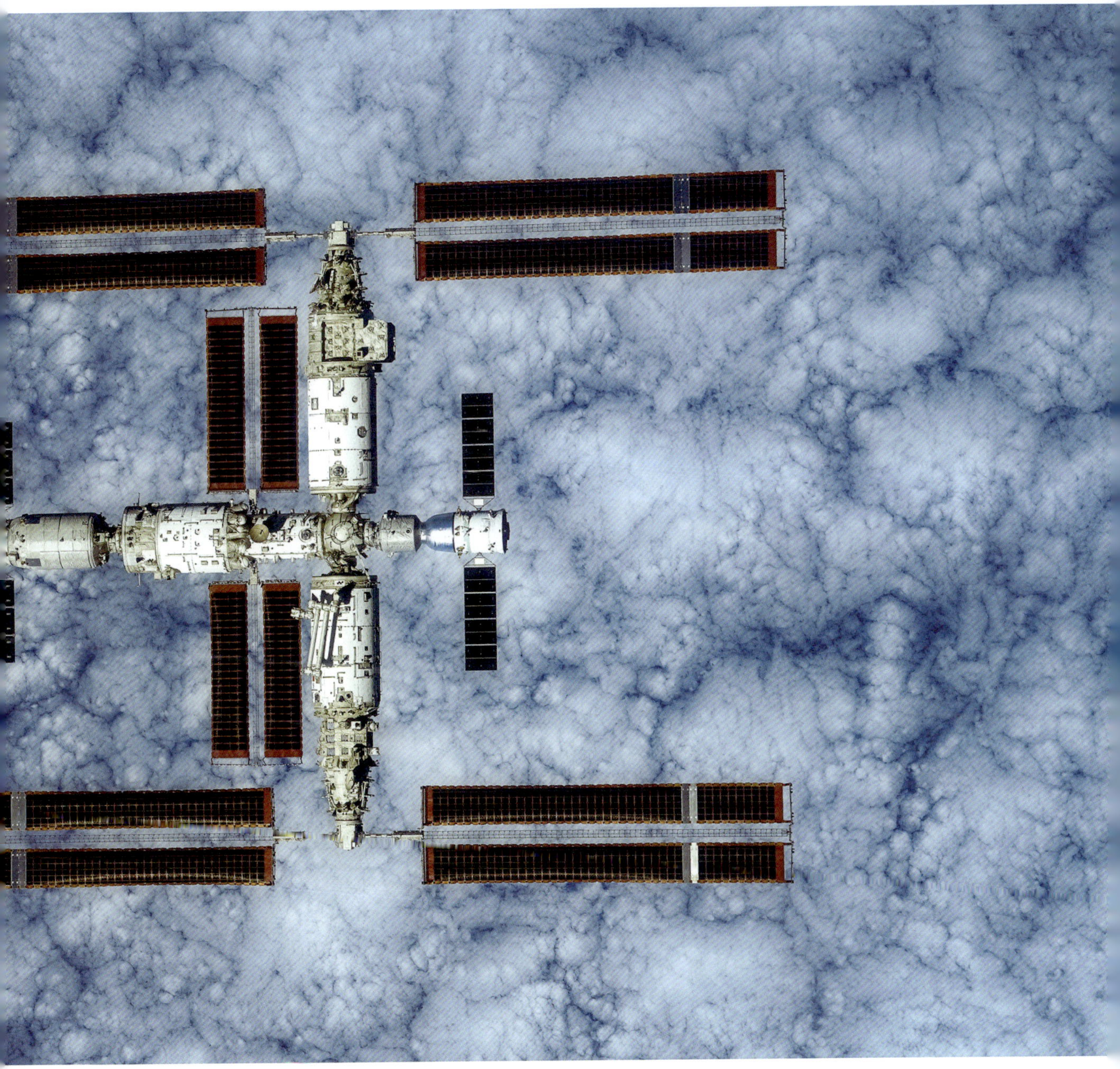

中国载人航天工程办公室
CHINA MANNED SPACE AGENCY

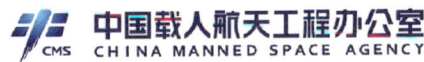

# 北斗卫星导航系统

　　北斗卫星导航系统是中国自主研制的全球卫星导航系统，联合国卫星导航委员会所认定的卫星导航核心供应商之一，是继美国全球定位系统（GPS）、俄罗斯格洛纳斯导航卫星系统（GLONASS）之后，第三个成熟的全球卫星导航系统。1994年，中国正式启动北斗卫星导航系统建设，先后实施北斗一号、北斗二号和北斗三号系统的构建与完善。2012年底成功构建区域性北斗卫星导航系统，可为中国及周边地区提供服务。2017年7月开始建立全球卫星导航系统。2018年12月，北斗三号卫星导航系统基本构建完成，并开始向全球提供定位服务。它包括24颗地球中圆轨道卫星、3颗倾斜地球同步轨道卫星以及3颗地球静止轨道卫星。2020年6月，北斗系统的第55颗卫星发射成功，至此，北斗三号全球卫星导航系统全面建成。

▼ 2020 年 6 月 23 日，北斗三号最后一颗全球组网卫星发射升空

▶ 北斗卫星导航系统示意图（北斗卫星导航系统官网供图）

　　北斗系统是中国着眼于满足国家安全和经济社会发展需要，自主建设运行的全球卫星导航系统，是为全球用户提供全天候、全天时、高精度的定位、导航和授时等可靠服务的国家重大基础设施。北斗系统已广泛应用于交通运输、农林渔

业、水文监测、气象测报、通信授时、电力调度、救灾减灾、公共安全等领域，并影响着电子商务、移动智能终端等业务的快速发展，深刻改变着生产和生活方式，在国民经济建设中发挥了巨大作用，极大提升了国家安全保障能力。

▲ 北斗卫星导航系统支持无人收割机收割水稻

▲ 北斗卫星导航系统支持无人机进行作物病虫害防治作业

中国工程

# 中国探月工程

　　中国探月工程又称"嫦娥工程",2004 年 1 月由国务院正式批准立项,规划"绕、落、回"三步走。中国首颗月球探测器嫦娥一号于 2007 年 10 月 24 日成功发射,并在 11 月 7 日进入环月极轨,首次开展月球科学探测,于 2009 年 3 月 1 日准确撞击在预定撞击点。嫦娥二号于 2010 年 10 月进入环月轨道,并对全月球进行高精度立体成像,于 2012 年 12 月飞抵距离地球 700 万千米处,实现了人类首次对 4179 号小行星图塔蒂斯的近距离飞越探测。2013 年 12 月,嫦娥三号在月球表面成功降落,标志着中国成为世界上第三个实现地外天体月球软着陆的国家,所携带的玉兔号月球车完成了月面巡视勘察任务。2019 年 1 月,嫦娥四号安全着陆在月球背面冯·卡门撞击坑预选着陆区,这是人类探测器首次实现在月球背面的软着陆和巡视勘察。2020 年 11 月 24 日发射的嫦娥五号完成了月球采样返回地球任务,标志着中国已掌握地月往返技术。2024 年 6 月 25 日,嫦娥六号探测任务取得圆满成功,实现世界首次月球背面采样返回。

　　探月工程是中国航天史上的又一个里程碑,它提升了中国航天技术的水平,带动了多个科技领域的发展。

▲ 嫦娥四号探测器首次在月球背面软着陆（国家航天局供图）

玉兔二号在月背留下人类探测器第一道印迹(国家航天局供图)

2020年12月17日，嫦娥五号返回器携带月壤样本返回地面

嫦娥五号带回的月壤样本

▲ 2024年6月3日，嫦娥六号携带的"移动相机"自主移动并成功拍摄、回传着陆器和上升器合影。6月25日，嫦娥六号返回器带回首份月背样品1 935.3克（国家航天局供图）

中国载人月球探测工程登月任务已经启动，其总目标是2030年前实现中国人首次登陆月球，开展月球科学考察和技术试验，完成登、巡、采、研、回等任务。中国发展独立自主的载人月球探测能力，将推动我国载人航天技术由近地向深空的跨越式发展，为认识月球和太阳系贡献中国智慧。

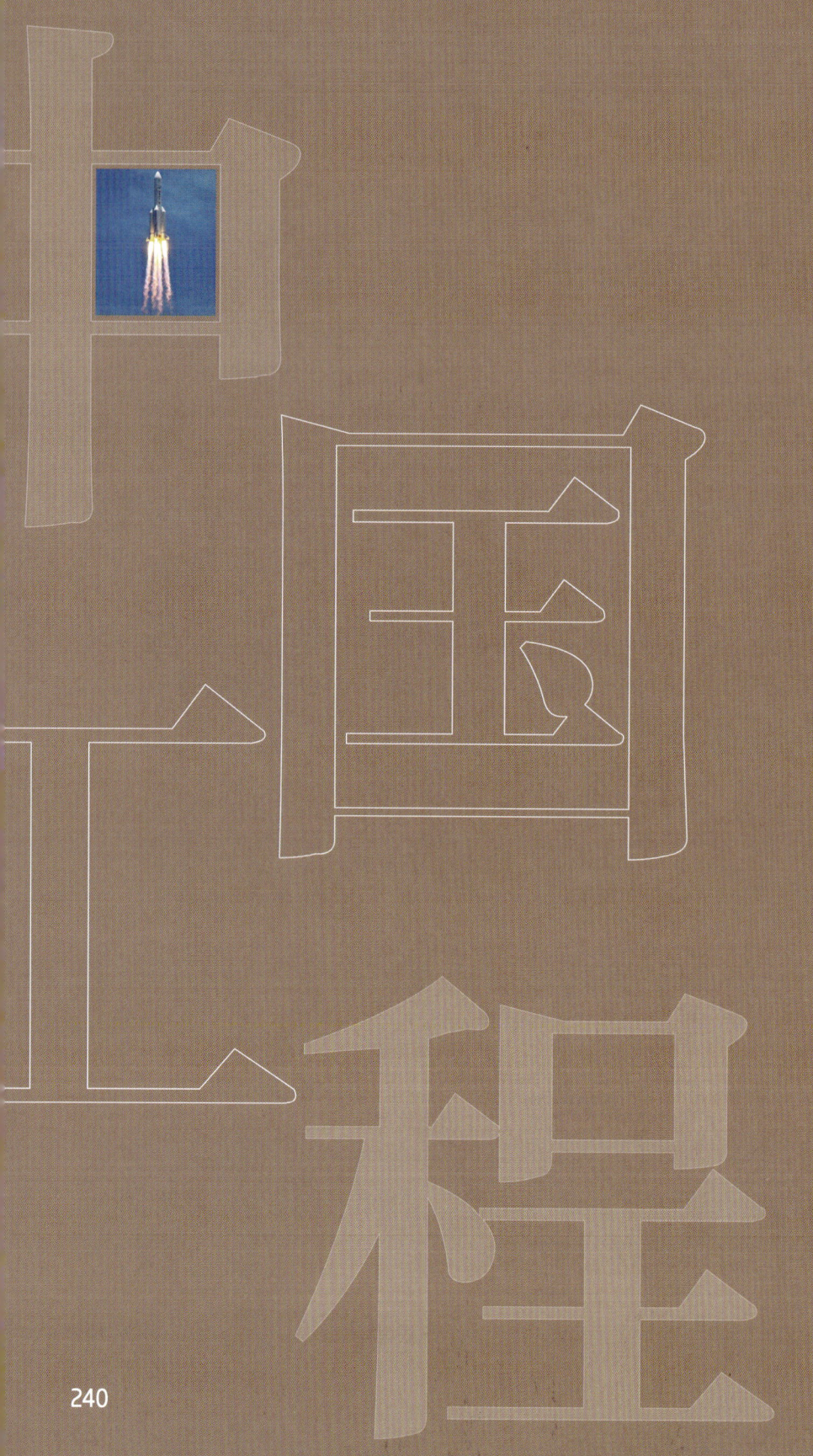

中国工程

# 中国火星探测工程

火星是地球在太阳系的近邻,它在许多方面与地球相似。火星探测有助于深入理解行星的演化、地质构造和气候变化,探知火星上是否存在过生命及适宜生命生存的水、大气等条件,为实现未来开发火星资源和其他愿景提供重要依据。

中国火星探测计划于2016年正式立项,首个火星探测器天问一号在2020年7月发射,2021年5月15日在火星表面的乌托邦平原成功着陆。2021年5月22日,天问一号所搭载的祝融号火星车驶离着陆平台并开始在火星表面巡视探测。天问一号环绕器和祝融号巡视器分别携带了7台和6台科学载荷,可开展多种科学实验。2023年4月,中国国家航天局和中国科学院联合发布了火星全球影像图。中国火星探测实现了"环绕、着陆、巡视"三个目标,突破了一系列关键技术,并创造了中国航天史上的多个"首次",如首次实现行星际飞行,首次实现4亿千米远距离测控通信,首次实现地外行星软着陆与表面巡视等。

火星探测工程使中国成为世界上仅次于美国,第二个成功实现探测器登陆并巡视火星的国家。中国首次探测火星已产生一系列原创性科学发现,如通过表面成分分析光谱、次表层探测雷达、相机影像数据等,在着陆区发现了含水矿物,获得了火星乌托邦平原南部长约1 171米剖面的高精度地下(<80米)结构分层图像,观察到岩石表面水作用下产生的交错层理和沙丘表面的结壳、龟裂等特征,表明着陆区在火星早期可能曾存在过大量液态水。火星探测对于促进人类开展深空探测、探索宇宙奥秘具有重大意义。

◀ 祝融号火星车（左）与着陆平台（右）的合影（国家航天局供图）

# 中国首次火星探测

▲ 鲁宾逊投影图（国家航天局供图）

# 火星全球影像图

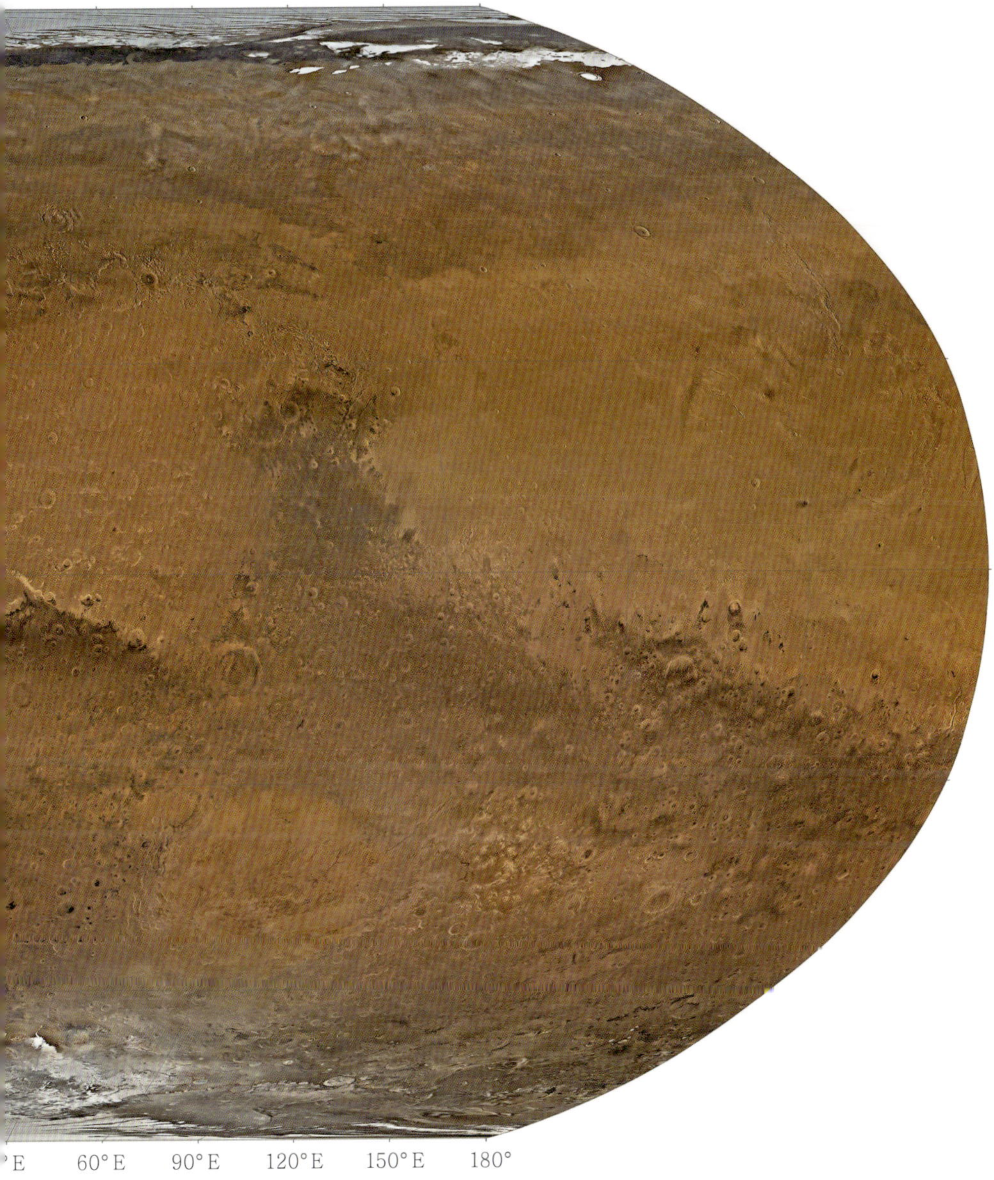
°E
60°E
90°E
120°E
150°E
180°

## 主要参考文献

蔡薇, 席龙飞, 李铖. 跨洋利器：郑和宝船的技术剖析 [M]. 济南：山东教育出版社, 2020.

沧州市文物局. 沧州铁狮与旧城 [M]. 北京：科学出版社, 2008.

陈晓珊. 长风破浪：郑和下西洋航海技术研究 [M]. 济南：山东教育出版社, 2020.

董光璧. 中国近现代科学技术史 [M]. 长沙：湖南教育出版社, 1997.

华觉明, 冯立昇. 中国三十大发明 [M]. 郑州：大象出版社, 2017.

华觉明. 中国古代金属技术：铜和铁造就的文明 [M]. 郑州：大象出版社, 1999.

景德镇市陶瓷研究所. 景德镇陶瓷 [J]. 2022, 52(2). 景德镇：景德镇陶瓷杂志社, 2022.

李伯聪. 工程哲学引论：我造物故我在 [M]. 郑州：大象出版社, 2002.

李成智. 中国航天技术发展史稿 [M]. 济南：山东教育出版社, 2006.

李约瑟. 第二分册：机械工程 [M]// 李约瑟. 中国科学技术史第四卷：物理学及相关技术. 北京：科学出版社, 1999.

林聪益. 水运时转：中国古代擒纵调速器之系统化复原设计 [M]. 济南：山东教育出版社, 2020.

刘戟锋, 刘艳琼, 谢海燕. 两弹一星工程与大科学 [M]. 济南：山东教育出版社, 2004.

柳怀祖. 北京正负电子对撞机 [M]. 北京：科学出版社, 1994.

秦始皇帝陵博物院. 秦始皇帝陵出土一号青铜马车 [M]. 北京：文物出版社, 2012.

苏颂. 新仪象法要 [M]. 刘蔷, 整理. 长沙：湖南科学技术出版社, 2020.

孙烈. 制造一台大机器：20世纪50—60年代中国万吨水压机的创新之路 [M].

济南：山东教育出版社，2012.

王斌. 詹天佑与中国工程科学[M]. 杭州：浙江教育出版社，2021.

张柏春，方一兵. 中国工业遗产示例：技术史视野中的工业遗产[M]. 济南：山东科学技术出版社，2020.

张柏春，田淼，张久春. 科技革命与中国现代化[M]. 济南：山东教育出版社，2020.

张柏春，张久春. 水运仪象台复原之路：一项技术发明的辨识[J]. 自然辩证法通讯，2019(4):9.

张柏春. 中国技术：从发明到模仿，再走向创新[J]. 中国科学院院刊，2019,34(01):22-31.

赵丰. 中国丝绸通史[M]. 苏州：苏州大学出版社，2005.

中国大百科全书第三版总编辑委员会. 中国大百科全书第三版网络版[DB/OL]. https://www.zgbk.com.

中国科学院自然科学史研究所. 中国古代建筑技术史[M]. 北京：科学出版社，1985.

中国科学院自然科学史研究所. 中国古代重要科技发明创造[M]. 北京：中国科学技术出版社，2016.

中国社会科学院考古研究所. 夏鼐文集：第三册[M] 北京：社会科学文献出版社，2000.

足印·成就：共和国科技70年编委会. 足印·成就：共和国科技70年[M]. 杭州：浙江教育出版社，2019.

LI Runhong, ZHANG Daqing.The Search for Antimalarial Drugs and the Discovery of Artemisinin[J].Chinese Annals of History of Science and Technology, 2020, 4(2):73-134.

# 后记与致谢

笔者在2015年8月23—29日在济南参加第22届国际历史科学大会，其间与山东科学技术出版社总编——老朋友赵猛叙谈出版选题问题，就编写一本以图片展现中国工程创造的书籍取得共识。他在同年9月荣升为社长，此后在百忙之中还提醒我就商议过的选题写一本书。2022年秋季，南开大学历史学院和科学技术史研究中心邀请国内外专家，合作讲授"名师引领"通识选修课——科学技术史（14讲），其中笔者试讲了"中国：一个工程大国"。2024年2月下旬，我和赵社长商定尽快启动《中国工程创造》编写工作，并初步提出数十个代表性的古今工程案例。此后，笔者与王彦雨、李雪通力合作，为所选的工程案例起草文字概述，与山东科学技术出版社的编辑们一起搜寻图片，并且逐步调整工程案例的数量，终于完成这本《中国工程创造》。

《中国工程创造》由简要的文字概述和大量的图片构成，故我们须求助那些掌握图片资源的机构和个人，并请行家审改文稿和图片。在图片方面，我们得到了许多单位和朋友的支持，包括：故宫博物院、国家航天局探月与航天工程中心、国家航天局、中国科学院高能物理研究所、中国科学院国家天文台、中国科学院自然科学史研究所（简称自然科学史所）、中国石油报、中国载人航天工程办公室、成都博物馆、江南造船（集团）有限责任公司、科学出版社、视觉中国、台北故宫博物院、铜绿山古铜矿遗址博物馆、文物出版社等单位，以及高水满（厦门同安区科技馆）、黄俊[①]（广西新闻图片画报社）、司宏伟（自然科学史所）、孙烈（自然科学史所）、杨华（中国科学院大学）、赵丰（浙

---

[①] 第40页灵渠图源自《广西画报》2020年第10期，拍摄：黄俊。

江大学)、朱紫琦(景德镇陶阳里御窑厂)等专家和朋友。此外,戴吾三(清华大学)、冯雨云(广西科学技术出版社)、洪卫(文物出版社)、胡吉(中国科学院行政管理局)、黄敏娴(广西科学技术出版社)、康葆强(故宫博物院)、李明洋(自然科学史所)、刘金岩(自然科学史所)、钱坤(国家文物局)、任万平(故宫博物院)、吴军明(景德镇陶瓷大学)、周文丽(自然科学史所)、韩莉(视觉中国)等专家和朋友促成了我们与图片所有者的交流合作。

在文字稿的审校方面,我们得到不少行家的指教和相助,包括:中国工程院、自然科学史所、中国科学院国家空间应用科学中心、中国科学院国家天文台等单位的专家,以及林巍(中国科学院地质与地球物理研究所)、刘辉(自然科学史所)、刘金岩(自然科学史所)、毛悦(西安测绘研究所)、王颢霖(自然科学史所)、杨元海(中交路桥建设有限公司)、张闯(中国科学院高能物理研究所)等专家学者。

高质量图书的打造需要作者与出版社编辑的充分合作。《中国工程创造》的图片搜寻、选编和图注等工作由作者与刘玉莹、陈名扬、刘婷钰等编辑共同承担,赵猛社长、郑淑娟副社长提出了具体的意见,美编侯宇、庞婕、王燕对所选图片做了认真编辑。

在此,谨向以上领导、专家和朋友们致以最诚挚的谢意!

张柏春

2025 年 2 月 12 日